职业教育物联网应用技术专业改革创新教材

NB-IoT/LoRa 窄带物联网技术

主　编　房　华　彭　力

副主编　朱建忠　吴　玢　王建强　杨　恒

参　编　李　栋　李永红　程曦浩　聂玉成
　　　　陈新朋　王　强

机械工业出版社

随着5G时代的到来，NB-IoT和LoRa作为5G基础和前导，受到越来越多关注。NB-IoT和LoRa是最有发展前景的两个低功耗广域网通信技术，是专为低带宽、低功耗、远距离、大量连接的物联网应用而设计的。

本书系统介绍NB-IoT和LoRa两种最新的窄带物联网技术。内容由浅入深，兼顾理论，侧重实践，从两种技术的认识、技术特点、标准架构、应用领域、模组实验、应用系统设计等几个环节，向读者展示了NB-IoT和LoRa的技术特点和应用。

本书目的是让读者更好地理解NB-IoT和LoRa技术并解决实际问题。本书特色是由一批一线科研技术人员编写，实践性和应用性强。注重职业技能培养和工匠精神培育。

本书可作为高等院校（或职业院校）物联网专业的教材，也可供物联网从业人员参考使用。

本书配套提供窄带物联网开发实训系统（SeaIOT-ED-NB-01）、电子课件、微课视频（扫描书中二维码免费观看），通过信息化教学手段，将纸质教材与课程资源有机结合，为资源丰富的"互联网+"智慧教材。教师也可登录机械工业出版社教育服务网（www.cmpedu.com）注册后免费下载，或联系编辑（010-88379194）索取。

图书在版编目（CIP）数据

NB-IoT/LoRa窄带物联网技术/房华，彭力主编. —北京：机械工业出版社，2019.9（2024.1重印）

职业教育物联网应用技术专业改革创新教材

ISBN 978-7-111-63928-2

Ⅰ.①N… Ⅱ.①房… ②彭… Ⅲ.①互联网络—应用—中等专业学校—教材 ②智能技术—应用—中等专业学校—教材 Ⅳ.①TP393.4 ②TP18

中国版本图书馆CIP数据核字（2019）第214635号

机械工业出版社（北京市百万庄大街22号　邮政编码100037）
策划编辑：梁　伟　　　责任编辑：梁　伟
责任校对：马立婷　　　封面设计：鞠　杨
责任印制：单爱军
北京虎彩文化传播有限公司印刷
2024年1月第1版第5次印刷
184mm×260mm・15.5印张・410千字
标准书号：ISBN 978-7-111-63928-2
定价：49.00元

电话服务　　　　　　　　网络服务
客服电话：010-88361066　机　工　官　网：www.cmpbook.com
　　　　　010-88379833　机　工　官　博：weibo.com/cmp1952
　　　　　010-68326294　金　书　网：www.golden-book.com
封底无防伪标均为盗版　机工教育服务网：www.cmpedu.com

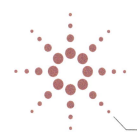

前言

伴随着5G时代的到来，物联网也将迎来智慧化应用大发展。NB-IoT技术和LoRa技术作为5G的基础和前导，在业内备受关注。

物联网的无线通信技术有很多种，从传输距离上区分，可以分为短距离局域网和远距离广域网通信两大类。短距离无线通信技术包括Wi-Fi、蓝牙、ZigBee、Z-Wave等；远距离广域网通信一般定义为LPWAN（低功耗广域网）。以Sigfox、LoRa和NB-IoT等为主的LPWAN低功耗广域网无线技术，承载了万物互联的愿景，满足了物联网大规模部署低功耗、远程连接等需求。随着物联网的应用规模日益扩大，低功耗广域网的发展快速增长。

在低功耗广域物联网（LPWAN）的技术竞争中，NB-IoT、LoRa和eMTC三大技术脱颖而出，在产业中有各自的产业生态。其中，NB-IoT和LoRa一直是饱受热议，三大运营商和华为是NB-IoT的代表，而LoRa因工作在未授权频谱上，被大量的中小企业和创业公司选择。5G通信技术的发展，以及云端边和AI的融合，也为物联网带来诸多创新和智慧，通过万物互联，赋予万物感知、认知。目前，全球两大主流物联网网络NB-IoT与LoRa在中国迅猛发展。据相关统计，预计到2030年产业物联网将为全球创造14.2万亿美元的新产值，物联网应用将会全方面展开。

NB-IoT是目前物联网众多标准技术中最热门、最被看好的一项技术。为使研究开发和工程技术人员更好地理解NB-IoT标准体系，同时为更好地培养有实战能力和经验的人才，缩短产品设计开发周期，校企"双元"联合共同开发了本教材。本书充分体现了职业技能培养和工匠精神培育。本书的编纂策划团队都是具有丰富实战经验的工程师及双师型专家教授团队，并由无锡泛太科技有限公司和中兴克拉科技（苏州）有限公司针对项目实战提供了技术平台。

本书主要介绍了NB-IoT和LoRa技术及其应用领域，并介绍两种技术实验设备的研究和使用，进而介绍了基于NB-IoT和LoRa技术的典型物联网应用系统设计。本书共分9章，第1～3章介绍NB-IoT技术及其系统架构和应用领域；第4～6章是NB-IoT实战篇，介绍物联网套件、接口和通信模组，并介绍了基于NB-IoT技术的智慧停车、智能锁、智慧环境监测三个应用系统设计；第7章介绍LoRa技术及其应用领域；第8～9章介绍LoRa物联网模块、网关、应用服务平台，并介绍了基于LoRa技术的智能烟感、智慧农业滴灌、智能门禁控制器三个应用系统设计。

教学建议：若作为教材，建议以实战为主，参考课时为48～64课时。

本书第1章、第2章由山东交通职业学院房华编写，第3章由深圳信息职业技术学院李永红编写，第4～6章由无锡泛太科技有限公司陈新朋编写，第7～9章由中兴克拉科技（苏州）有限公司王强编写，参加编写的还有彭力，朱建忠，吴玢、李栋、王建强、杨恒、程曦浩、聂玉成等专家。由房华、李栋确定了教材大纲，规划各章节内容；全书由房华教授统稿。无锡泛太科技有限公司和中兴克拉科技（苏州）有限公司完成了物联网典型应用系统的设计开发。

主编房华教授是全国职业院校技能大赛物联网赛项优秀指导教师；并多次担任职业院校技能大赛省赛国赛裁判、国赛专家组组长；全国职业院校技能大赛优秀工作者。

本书可供各类技能型人才培养高等院校、技工职业院校选用，也可作为工程技术人员产品设计参考书。

由于编者水平有限，书中难免存在不足，恳请广大读者批评指正。

编　者

二维码清单

序号	名称	图形	序号	名称	图形
1	窄带物联网实验箱（微课、视频）		6	5.1.2 NB-IoT开机入网实验（源代码）	
2	NB-IoT技术项目讲解（电子课件）		7	5.1.3 NB-IoT接收数据实验（源代码）	
3	NB-IoT解决方案介绍（中国移动设计院无线所汇报）（电子课件）		8	5.1.4 NB-IoT发送数据实验（源代码）	
4	从智慧物流行业应用到物联网产品教学（电子课件）		9	5.1.5 系统测试实验（源代码）	
5	5.1.1 NB-IoT模块串口驱动及AT驱动实验（源代码）				

CONTENTS 目录

前言
二维码清单

第1章 初识NB-IoT技术

本章概述
学习目标
  1.1 蜂窝物联网 3
  1.2 NB-IoT关键技术 13
 本章小结 19
 习题 19

第2章 NB-IoT体系架构及标准

本章概述
学习目标
  2.1 NB-IoT网络体系结构 22
  2.2 NB-IoT的端到端系统架构 27
  2.3 NB-IoT标准体系 31
 本章小结 33
 习题 33

第3章 NB-IoT的应用领域

本章概述
学习目标
  3.1 智慧城市 37
  3.2 智慧交通 39
  3.3 智能抄表 50
  3.4 智能穿戴设备 56
  3.5 智慧物流 61
 本章小结 65
 习题 65

第4章 NB-IoT实验设备研究与使用

本章概述
学习目标
  4.1 NB-IoT物联网套件 68
  4.2 NB-IoT物联网套件基本接口 77

目录 CONTENTS

  4.3 NB-IoT物联网套件传感器接口 118
  本章小结 131
  习题 132

第5章 NB-IoT实验设备通信模块研究与使用

本章概述
学习目标
  5.1 NB-IoT模块 134
  5.2 GPRS模块 145
  5.3 GPS模块简介 156
  本章小结 165
  习题 166

第6章 NB-IoT应用系统设计

本章概述
学习目标
  6.1 智慧停车系统设计 168
  6.2 智能锁系统设计 173
  6.3 智能环境监测系统设计 178
  本章小结 183
  习题 183

第7章 初识LoRa技术

本章概述
学习目标
  7.1 认识LoRa窄带物联网 186
  7.2 LoRa关键技术 187
  7.3 LoRa应用领域 192
  本章小结 198
  习题 198

第8章 LoRa实验设备研究与使用

本章概述
学习目标
  8.1 LoRa模块介绍 200
  8.2 LoRa终端介绍 202

CONTENTS 目录

8.3 LoRa网关介绍 ………………………………………… 206
8.4 LoRa网络服务器介绍 …………………………………… 211
8.5 LoRa应用管理平台介绍 ………………………………… 215
8.6 智能滴灌端到端设计实验 ……………………………… 220
本章小结 …………………………………………………… 226
习题 ………………………………………………………… 226

第9章 LoRa物联网应用系统设计

本章概述
学习目标
9.1 智能烟感系统设计 ……………………………………… 228
9.2 智慧农业滴灌系统设计 ………………………………… 230
9.3 智能门禁控制器系统设计 ……………………………… 233
本章小结 …………………………………………………… 236
习题 ………………………………………………………… 236

附录 窄带物联网开发实训系统

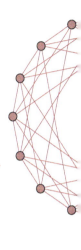

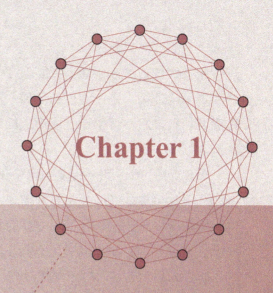

Chapter 1

第 1 章

初识NB-IoT技术

本章概述

移动通信正在从人和人的连接,向人与物以及物与物的连接迈进,万物互联是必然趋势。然而当前的4G网络在物与物连接上能力不足。事实上,相比蓝牙、ZigBee等短距离通信技术,移动蜂窝网络具备广覆盖、可移动、大连接数等特性,能够带来更加丰富的应用场景,理应成为物联网的主要连接技术。

基于蜂窝的窄带物联网(Narrow Band Internet of Things,NB-IoT)已成为万物互联网络的一个重要分支。NB-IoT支持低功耗设备在广域网的蜂窝数据连接,也被称为低功耗广域网(Low-Power Wide-Area Network,LPWAN)。NB-IoT基于授权频谱并聚焦于低功耗广覆盖、低速率的物联网市场,可直接部署于LTE(Long Term Evolution,长期演进,是由第三代合作伙伴计划组织制定的通用移动通信系统技术标准的长期演进)网络,也可以基于运营商现有的2G、3G、4G网络,通

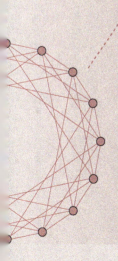

过设备升级的方式来部署。NB-IoT可降低部署成本并实现平滑升级，是一种可在全球范围内广泛应用的物联网新兴技术，可构建全球最大的蜂窝物联网生态系统。

　　本章介绍NB-IoT的基础知识。由认识蜂窝物联网和NB-IoT关键技术两大部分构成。帮助学生学习蜂窝物联网的基础知识和NB-IoT的基础知识与关键技术。通过学习，学生会对NB-IoT技术有一个初步的了解，为后续的学习打下理论基础。

学习目标

- 理解NB-IoT的概念和特点。
- 了解3GPP组织。
- 了解NB-IoT的诞生、发展、技术的特点。
- 理解NB-IoT的业务模式和商业模式。
- 了解NB-IoT的关键技术。
- 具备开阔、灵活的思维能力。
- 具备积极、主动的探索精神。
- 具备严谨、细致的工作态度。

1.1 蜂窝物联网

通过对NB-IoT的基本概念和技术特点的介绍，能够理解在技术基础之上实现的NB-IoT的业务模型和商业模式，通过NB-IoT的诞生、技术特点和发展等内容的学习，对NB-IoT有一个宏观的了解，进而理解并分析NB-IoT的业务模型和商业模式。

建议读者带着以下问题去学习。

- 什么是蜂窝物联网？
- 蜂窝物联网在生活中有哪些具体的应用？
- NB-IoT是如何诞生与发展的？
- NB-IoT技术具有什么样的特点？
- 如何理解NB-IoT的业务模型和商业模式？

1.1.1 蜂窝物联网概述

从1991年GSM第一次完成部署开始，移动通信产业一直在稳步发展。伴随着不断增加的带宽和网络速度，2014年在巴塞罗那举行的世界移动通信大会上对5G进行了官方公布。在此过程中，M2M通信伴随移动通信产业的发展而茁壮成长。

在大规模连接上，由于需要连接的物联网设备数量太多，如果用现有的LTE网络去连接这些海量设备，将会导致网络过载，即使传输的数据量很小，信令流量也会令网络过载。

从2015年开始，移动通信行业内部普遍认同一个观点，即LTE技术的特点并不适合于物联网的行业应用。另外，由于4G网络比2G、3G网络具备更好的通信效果和运营效率，加之消费者对视频通话的诉求越来越高，很多运营商正在积极考虑重新分配2G、3G、4G的频谱利用问题。

不管结果如何，移动通信产业产生了巨大的分支，物联网已经从根本上并且不可逆转地改变了移动通信的现状，同时产业链对技术演进和商业模式的创新要求也越来越高。这表现在物联网技术在行业应用比例逐年增高以及物联网业务比例迅速增长，预计到2022年，中国物联网产业规模将超过2万亿元，如图1-1所示。物联网在快速普及，技术在不断革新，窄带物联网（NB-IoT）技术已在全国范围内部署，预计到2022年中国物联网连接规模将达70亿个，如图1-2所示。

物联网无线通信技术有很多种，从传输距离上区分，可以分为以下两类。

一类是短距离局域网无线通信技术，代表技术有Wi-Fi、Bluetooth、ZigBee、UWB、NFC等，几种技术的比较见表1-1，典型的应用场景如智能家居、智能电网。

另一类是远距离广域网通信技术，业界一般定义为LPWAN（低功耗广域网），其中包括GSM、UMTS、LTE等较成熟的蜂窝网络通信技术以及各种各样的LPWAN技术。典型的应用场景如智能抄表。

表1-1 低功耗无线局域网通信技术比较

技术标准	ZigBee	Bluetooth	UWB超宽带	Wi-Fi	NFC
安全性	中等	高	高	低	极高
传输速度	10~250Kbit/s	1Mbit/s	53.3~480Mbit/s	54Mbit/s	424Kbit/s
通信距离	10~75m	0~10m	0~10m	0~100m	0~20m
频段	2.4GHz 868MHz（欧洲）915MHz（美国）	2.4GHz	3.1~10.6GHz	2.4GHz	13.56MHz
国际标准	IEEE 802.15.4	IEEE 802.15.1x	标准尚未订定	TEEE802.11b IEEE802.11g	ISO/IEC 18092（ECMA340） ISO/IEC 21481（ECMA352）
芯片组价格	约4美元	约5美元	大于20美元	约25美元	约2.5~4美元

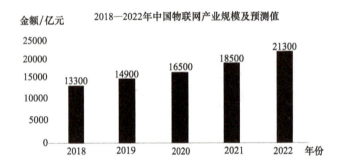

图1-1 中国物联网产业规模

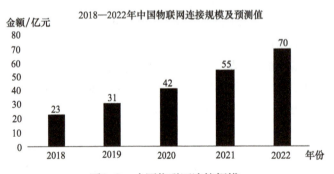

图1-2 中国物联网连接规模

LPWAN技术又可分为以下两类。

一类是工作在非授权频段的技术，包括LoRa、Sigfox、RPMA（Radom Phase Multiple Access，随机相位多址接入）等，这类技术大多是非标、自定义实现，技术比较见表1-2。

另一类是工作在授权频段的技术，如GSM、CDMA、WCDMA等较成熟的2G/3G蜂窝通信技术，以及目前逐渐部署应用、支持不同终端类型的LTE及其演进技术，这类技术基本都在3GPP（主要制定GSM、WCDMA、LTE及其演进技术的相关标准）或3GPP2（主要制定CDMA相关标准）等国际标准组织进行了标准定义。NB-IoT就是2015年9月在3GPP标准组织中立项提出的一种新的窄带蜂窝通信LPWAN技术。

3GPP（Third Generation Partnership Project）是成立于1998年12月的国际移动通信标准化组织，其目的是制订和实现全球性的移动电话系统规范标准。

表1-2　低功耗无线广域网通信技术比较

技术标准	RPMA	Sigfox	LoRaWAN
频段	2.4GHz ISM	868MHz/902MHz ISM	433/868/780/915MHz ISM
频道宽度	1MHz通道（2.4GHz频段有40个通道可用）	超窄频	欧盟：8×125kHz 美国：64×125kHz/8×125kHz 调变：线性调频展频
距离范围	3000km（视距）	30~50km（农村） 3~10km（城市） 1000km视距	2~5km（城市） 15km（农村）
终端节点发送功率	20dBm（最大值）	-20dBm~20dBm	欧盟：<14dBm 美国：<27dBm
封包大小	6~10KB	12B	使用者定义
上行连接数据速率	每扇区接取点聚集到624Kbit/s（假设8通道的接取点）	100~300bit/s	欧盟：0.3~50bit/s 美国：0.9~100bit/s
下行连接数据速率	每扇区接取点聚集到156Kbit/s（假设8通道的接取点）	100bit/s	欧盟：0.3~50bit/s 美国：0.9~100bit/s
每个接取点的设备数	每扇区最多384000	106	上行连接：>106 下行连接：<105
拓扑	在RPMA扩展器的帮助下支持典型的星形和树形	星形	星形
允许终端节点漫游	是	是	是
管理组织	Ingenu	Sigfox	LoRaAlliance

　　蜂窝网络是一种移动通信架构，主要由移动终端、基站系统、网络系统组成。基站系统包括移动基站、无线收发设备、专用网络、无线数字设备等。基站系统可以看作无线网络与有线网络之间的转换器。目前，蜂窝物联网的发展以海量LPWAN的连接为驱动，2020年全球M2M/IoT连接分布如图1-3所示，可以看到2020年全球整个物联网90%连接属于低功耗、广域网领域。

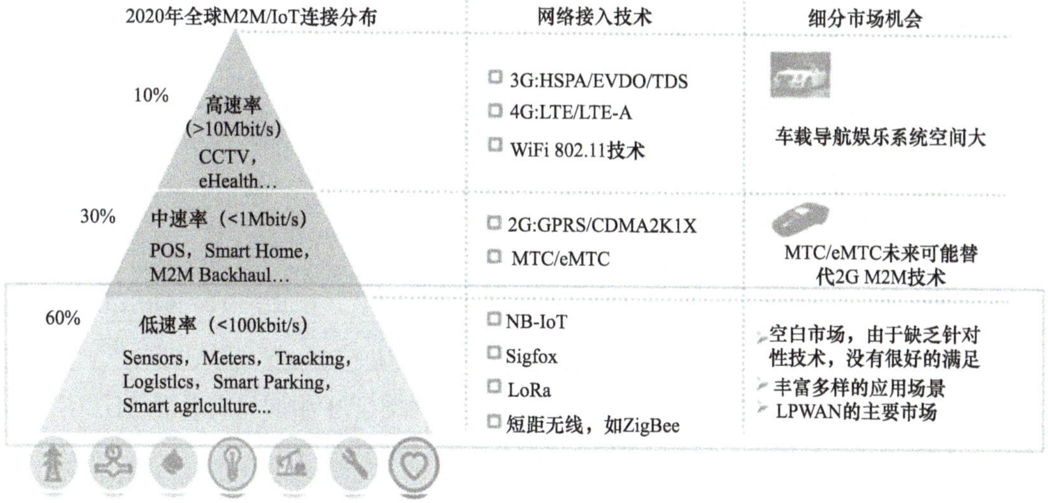

图1-3　2020年全球M2M/IoT连接分布示意图

就像汽车行驶需要道路一样，人们使用的所有无线通信技术，都需要占用一定的频谱带宽。由于有商用价值的无线频谱是稀缺的并且具有排他性，因此需要合理的规划和使用。通常情况下，各国或地区的无线频谱都受到相关组织（如无线电管理委员会）的管理和制约，可以认为无线频谱是政府管控的一种战略资源。授权频谱是通过各国政府授权使用的收费频谱，非授权频谱是在符合无线电管理委员会的要求下免费使用的频谱。

移动通信技术经历了1G到4G的发展阶段。

第一代蜂窝移动通信系统（1G）是模拟式通信系统。移动性和蜂窝组网的特性就是从第一代移动通信开始的。抗干扰性能差，同时简单地使用FDMA技术，频率复用度和系统容量都不高。

第二代蜂窝移动通信系统（2G）有GSM和码分多址（Code Division Multiple Access，CDMA）两种通信方式。GSM经过演进之后可以支持GPRS数据传输。2G服务无法直接传送如电子邮件、软件等信息，只具有通话和一些如时间日期等传送的手机通信技术规格。

第三代蜂窝移动通信系统（3G）是UMTS，包括宽带码分多址（Wideband Code Division Multiple Access，WCDMA）、CDMA2000、TD-CDMA。支持高速数据传输的蜂窝移动通信技术。3G服务能够同时传送声音及数据信息，速率一般在几百kbit/s以上。

当前正在使用的是第四代蜂窝移动通信系统（4G），4G技术是LTE-Advanced和LTE-AdvancedPro，LTE系统分为频分双工（Frequency Division Duplexing，FDD）和时分双工（Time Division Duplexing，TDD），FDD系统上下行采用成对的频段分别用来接收和发送数据，而TDD系统上下行则使用相同的频段在不同的时隙上收发数据。相比于3G，4G的服务带宽更高，能够传输更高质量的视频及图像。

下一代移动通信技术即第五代蜂窝移动通信系统（5G）。

尽管5G技术标准目前还没有达成一致，但各国已经开始了针对5G的角逐，几家主流设备商都在做自己的路线。按照3GPP的定义，5G具备高性能、低延迟与高容量特性。

和4G相比，5G的提升是全方位的，5G的容量预计是4G的1000倍，5G技术为物联网提供了超大带宽；与4G相比，5G网络可以支持超过4G十倍以上的设备，因此，5G网络将有更大的容量和更快的数据处理速度，通过手机、可穿戴设备和其他联网硬件将可能推出更多的新服务1G到5G技术的比较见表1-3。

表1-3　1G到5G技术比较

网络	信号	速率（理论值/bit/s）	技术	制式
1G	模拟	2.4K	FDMA	AMPS、TACS
2G	数字	64K	TDMA、CDMA	GSM、CDMA
3G	数字	2M	WCDMA、SCDMA	WCDMA、CDMA2000、TD-SCDMA
4G	数字	100M	OFDM、IMT-Advanced	TD-LTE、FDD-LTE
5G	数字	7.5G	IMT-2020	

在接入网侧，NB-IoT是窄带物联网的简称，其在3GPP中的代表术语是LTECAT-NB1，eMTC在3GPP中的代表术语是LTE CAT-M1。

在核心网侧，蜂窝物联网（Cellular Internet of Things，CIoT）是指3GPP定义的物联网标准。根据3GPP对物联网业务模型的研究，CIoT业务模型和传统LTE系统业务差别很大，为了更好地支持蜂窝物联网业务，系统架构也做了增强和改进。NB-IoT是蜂窝物联网的研究重点之一，并于2016年6月正式成为3GPP国际标准。

1.1.2 NB-IoT的诞生

在NB-IoT提出之前，业界都非常认同未来物联网的发展趋势，M2M通信前景也被3GPP组织视为标准生态壮大的重要机遇，而在物联网时代，具备广覆盖、低成本、低功耗、低速率、大连接等特点的LPWAN技术将扮演重要角色。据研究机构Machina Research 2016的研究数据显示，2015年全球物联网连接数约为60亿个，预计2025年将增长至270亿个。2019年LPWAN物联网连接将超过传统的2G/3G/4G连接，如图1-4所示，在M2M连接技术中，短距技术仍然占据主导地位，但LPWAN连接数从2016年起快速增长，并在2019年超过传统蜂窝连接；2G/3G/4G蜂窝+LPWAN连接数将从2015年的3%上升到2024年的17%左右；如图1-5所示，2024年LPWAN技术物联网连接数占比约11%。

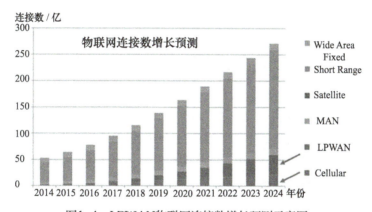

图1-4 LPWAN物联网连接数增长预测示意图

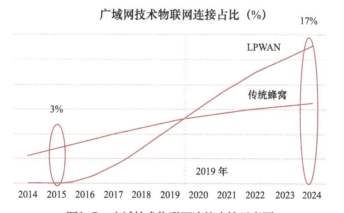

图1-5 广域技术物联网连接占比示意图

3GPP一直在推动相关物联网无线通信技术的发展，并且主要致力于以下两个方向。

方向一：面对非3GPP技术的挑战，开展GSM技术的进一步演进和全新接入技术的研究。长期以来，电信运营商的物联网业务主要依靠成本低廉的GPRS模块，然而由于LoRa、Sigfox等新技术的出现，GPRS模块在成本、功耗和覆盖方面的传统优势受到威胁，于是在2014年3月的GERAN62号会议上3GPP提出成立新的研究项目"FS_IOT_LC"，研究演进

GSM/EDGE无线电接入网（GSM EDGE Radio Access Network，GERAN）系统和新接入系统的可行性，以支持更低复杂度、更低成本、更低功耗、更强覆盖等增强特性。NB-IoT正是源于这个方向的全新接入技术。

方向二：考虑未来替代2G、3G物联网模块，研究低成本、演进的ITE-MTC技术。进入LTE及演进技术发展阶段后，3GPP也定义了许多可适用物联网不同业务需求场景的终端类型，Rel-8版本已定义不同速率的Cat.1～Cat.5的终端类型，在之后的版本演进中，新定义了支持高带宽、高速率的Cat.6和Cat.9等终端类型，也新定义了更低成本、支持更低功耗的Cat.0（Rel-12）终端类型。在Cat.0的基础上，2014年9月的RAN65号会议中3GPP提出成立新的研究项目"LTE_MTCe2_L1"，进一步研究更低成本、更低功耗、更强覆盖的ITE-MTC技术。

无线通信技术的发展时间节点如下：
1）2015年9月，3GPP正式启动NB-IoT标准工作立项。
2）2016年4月，NB-IoT物理层标准在3GPP Rel-13冻结。
3）2016年6月，NB-IoT核心标准在3GPP Re-13冻结，确认NB-IoT作为标准化的物联网专有协议。
4）2016年9月，3GPP完成NB-IoT性能部分的标准制定。
5）2017年1月，3GPP完成NB-IoT一致性测试部分的标准制定。

目前，全球通信行业正处于5G标准成型和全面商用前的窗口期。标准化工作的完成使全球运营商有了基于标准化的物联网专有协议，同时也标志着NB-IoT进入规模化商用阶段。在5G商用前的窗口期和未来5G商用后的低成本、低速率市场，NB-IoT都将有很大的应用空间。

1.1.3 NB-IoT技术特点和优势

NB-IOT具备以下特点和优势：

（1）广覆盖（比GSM覆盖高20dB）

NB-IoT与GPRS或LTE相比，在同样的频段下，最大链路预算提升了20dB，覆盖面积相当于扩大了100倍，并将提供改进的室内覆盖，即使在地下车库、地下室、地下管道等普通无线网络信号难以到达的地方也容易覆盖到。NB-IoT实现高覆盖的原因主要包括两个方面。
1）上行功率谱密度增强了17dB；2）重复+编码在6～16dB。大体的实现流程如图1-6所示，在下一节中将对这些关键技术进行详细解析。

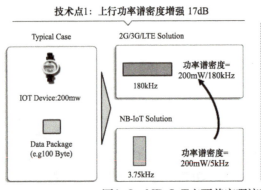

图1-6 NB-IoT广覆盖实现流程示意图

注：GSM终端发射功率最大可以到33dBm，NB-IoT发射功率最大23dBm，所以实际NB-IoT终端比GSM终端功率谱密度高7dB。

（2）大连接（100k用户容量每200kHz小区）

具备支撑海量链接的能力，NB-IoT基站的单扇区可支持超过5万个终端与核心网的连接，窄带技术，上行等效功率提升，大大提升信道容量。比现有2G、3G、4G移动网络用户有50～100倍的容量提升。支持低延时敏感度、超低的设备资本、低设备功耗和优化的网络架构。NB-IoT实现大连接的关键技术及系统设计如图1-7所示。

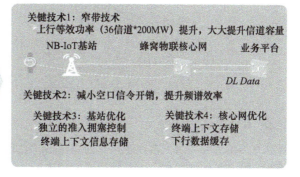

图1-7　NB-IoT实现大连接示意图

（3）低耗能（基于AA电池，使用寿命可超过10年）

NB-IoT可以让设备一直在线，通过减少不必要的信令、更长的寻呼周期及终端进入PSM（节能模式）状态等机制来达到省电的目的，如图1-8所示，有些场景的待机时间可以长达10年之久。

图1-8　NB-IoT实现低耗能示意图

（4）低成本

低速率、低功耗、低带宽可以带来终端的低复杂度，便于终端做到低成本。同时，NB-IoT基于蜂窝网络，可直接部署于现有LTE网络，运营商部署成本也比较低。企业预期的单个链接模块不超过5美元，终端芯片低至1美元。

（5）授权频谱

NB-IoT可直接部署于LTE网络，也可以利用2G、3G的频谱重耕来部署，无论是数据安全和建网成本，还是在产业链和网络覆盖，相对于非授权频谱都具有很强的优越性。

（6）安全性

继承4G网络安全的能力，支持双向鉴权和空口严格的加密机制，确保用户终端在发送接收数据时的空口安全性。

如图1-9所示，将NB-IoT与短距通信/私有技术进行简单的比较，就能直观地感受到NB-IoT的优势。

图1-9　NB-IoT与短距通信技术比较

1.1.4　NB-IoT的发展

物联网对无线通信的需求一直在变化，为满足不同物联网垂直应用领域的场景需求逐步趋向于两极分化。高速率、高带宽、实时性高的应用场景，是4G、5G针对以人为中心的主力发展方向；低速率、低带宽、实时性低的应用场景，则是NB-IoT技术主要施展的应用场合。

与较高速率和实时响应的物联网应用不同，NB-IoT面向低速率、低功耗的物联网终端，更适合于广泛部署，在智能抄表、智能停车、物品追踪、独立可穿戴智能设备、智能家居、智慧城市、智能制造等领域的应用将会大放异彩。

NB-IoT的技术特性非常适合于物联网细分业务的发展场景，大规模的发展有待某些瓶颈问题的进一步解决，如通信模块成本和终端功耗必须进一步下降等问题。

随着NB-IoT商用网络的逐步规模部署，预计NB-IoT的商用价值在未来几年将逐渐显露出来。未来各类垂直行业的产业链能很快在实际网络上找到自身的物联网应用及商业模式，并推动跨行业协作和商业模式创新。

鉴于NB-IoT作为一个新标准、新技术，按照市场规律，NB-IoT的商业化进程分为以下三个阶段。

第一阶段，市场供给大于客户需求，主要是树立典型应用示范工程。首先在需求强烈的重点城市进行规模化试点和商用化实验。此阶段重点对NB-IoT协议、核心网络性能等进行测试，同时验证商用芯片和终端模组的功能，打造应用服务的平台管理能力等，目标是实现电信运营商在NB-IoT初期阶段对产业链的整合。

第二阶段，市场供给和客户需求共同发力，扩展NB-IoT应用的范围。全国重点城市和重点区域将第一阶段试点的经验进一步推广，同时扩大垂直业务应用领域，挖掘NB-IoT技术适合的业务类型。在大规模运营NB-IoT的基础上，着重考虑扩展平台层的功能，进行某些业务的大数据分析，探讨研究多种服务模式，为转型打下基础。

第三阶段，在以市场需求推动为主、产业成熟的阶段完成NB-IoT全网覆盖。基于统一的NB-IoT网络提供多种多样的个性化物联网垂直应用领域服务，在为客户提供优质网络的基础上提供更加优质的服务，大幅度提升运营收入，尤其是服务收入占比，真正实现运营商的成功转型。

截止到现在，全球NB-IoT正在逐渐形成芯片-模组-终端-运营商完整的生态链，全球产业联盟也正在加速行业的成熟。如图1-10所示。

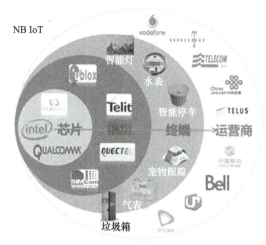

图1-10　NB-IoT的生态链示意图

1.1.5　NB-IoT业务模型

物联网的应用非常多样化。有些物联网终端数量巨大，并且销售到全国甚至全球各地，需要随时随地接入网络，如独立可穿戴设备、便携式医疗设备等。有些设备数量很少，分布范围广，通信数据量低，不一定在固定的位置工作，并且部署专网代价太大，如气象监测、环保设备、机械设备等。有些场景虽然设备数量很多，但分布相对集中，Wi-Fi、蓝牙等局域网技术无法满足传输距离的要求，如公共设施、大型仓储、智能制造等。还有一些场景终端数量很少，但分布相对集中，对数据速率的要求多样化，不管什么通信技术，只要能联网即可。

根据不同应用模式下对通信方式的诉求，人们把物联网设备分为以下两类。

1）固定节点或高速移动上行数据量大，对带宽要求较高，如车载娱乐、视频监控等。

2）固定节点或低速移动数据量小，以设备上传数据到平台的形式为主，如智能抄表、环境监控、资产管理、独立可穿戴设备等。

NB-IoT正是为了适应第二类物联网设备而产生的。3GPP TR 45.820定义的蜂窝物联网业务模型见表1-4。

表1-4　蜂窝物联网业务模型

业务类别	适合的应用	上行数据规模	下行数据规模	发起频率
自动上报（MAR）异常上报	烟雾告警、智能仪表电源失效通知、闯入通知	20B	0B	没几个月甚至几年
自动上报（MAR）周期上报	智能水电气热表、智慧农业、智能环境	20~200B（超过200B也假定为200B）	50%的上行数据的确认字符（ACK）为0B	1天（40%）、2小时（40%）、1小时（15%）、30分钟（5%）
网络命令	开关、触发设备上报数据、请求读表数据	0~20B（50%情况请求上行响应）	20B	1天（40%）、2小时（40%）、1小时（15%）、30分钟（5%）
软件升级/重配置模型	软件补丁升级	200~2000B（超过2000B也假定为2000B）	200~2000B（超过2000B也假定为2000B）	180天

总体而言，NB-IoT的小区具有以下两个明显特征。

1）NB-IoT用户面数据流量远远小于LTE用户面数据流量。

2）由于每个小区内NB-IoT的终端数量远远大于LTE系统的终端数量，因此控制面的建立和释放次数远远高于LTE系统，如无线资源控制（Radio Resource Control，RRC）连接建立、释放等。因此在系统架构层面上，控制面和用户面的效率都需要针对NB-IoT做增强和优化。

1.1.6 NB-IoT商业模式

物联网的快速发展为运营商打开了巨大的市场发展空间，同时也提出了一系列的挑战。目前超过70%的连接为非移动网络连接，运营商难以获取收入；又由于非授权频谱的低功耗、广覆盖技术的快速发展，使得运营商的物联网业务增长面临压力。在整体物联网产业链中，通信连接部分的产业集中度较好，但是所占的价值比例较低。如何在复杂的竞争态势中保证运营商在物联网领域获取最大化的价值将成为全球运营商共同面对的挑战。

传统行业处于垄断地位的厂商可以进行掠夺性定价，卖方能力强大。但在物联网产业链中，所有物联网供应商面对的是各个传统行业，这些传统行业是物联网的需求方，也决定了需求的碎片化。强大的卖方垄断力量一般都有一个前提，即具备大量的需求并且需求一定程度的同质化，但传统行业有成千上万个非统一化的终端和应用。由于低功耗广域网络为物联网应用提供连接方案，因此即使拥有高度市场集中度的某些环节，在大量碎片化应用面前仍无法形成垄断的卖方力量。

目前全球主流运营商对于物联网的商业模式依然延续流量收费模式，该模式主要适配当前联网的Top应用，如车联网、智能穿戴和POS机等，都是以流量消费为主的话务模型。

低功耗广覆盖的应用虽然有所涉及，但是并没有为其设计特有的商业模式，如远程抄表或大型设备零部件资产跟踪等应用的上报周期长，数据流量可能很长一段时间内为零。传统流量收费模式并不完全适用于低功耗广覆盖应用。

考虑到应用开发者的多样化（运营商、物联网企业、设备提供商、创业团队、个人开发者等），行业专家对NB-IoT探索创新、灵活的商业模式建议如下。

1）NB-IoT管道模式：资产跟踪、抄表应用只有在需要跟踪或读取数据上报的时候才会产生流量，所以流量收费是不合适的。而其提供的连接服务具有更高的价值，根据连接的设备数量收费可以更好地保护双方的利益。

2）NB-IoT苹果模式：电信运营商建立应用市场，将用户收费与应用开发者分开，利益共享。例如，面向行业消费群体的基于位置的服务LBS业务等。

3）NB-IoT亚马逊模式：基于分段的收费模式。即设备与平台段、平台与应用段分别收费。若数据存储在亚马逊平台，则不对设备和平台段收费。例如，智能电力要求每5min上报一次消息，这些大数据对于电力毛细血管问题定位、电力峰谷调度、区域调度有非常大的价值。

1.2 NB-IoT关键技术

通过对NB-IoT关键技术的介绍，让读者能够理解NB-IoT的内部原理和工作过程。NB-IoT定位于运营商级，基于授权频谱的低速率物联网市场。

建议读者带着以下问题去进行学习：
- 了解NB-IoT的网络部署。
- 理解NB-IoT关键技术原理。
- 了解NB-IoT的解决方案参考框架。

1.2.1 NB-IoT的网络部署

全球大多数电信运营商选择低频部署NB-IoT网络，低频建网可以有效地降低站点数量，提升深度覆盖。

对于运营商来说，NB-IoT支持3种网络部署模式，独立（Standalone）部署、保护带（Guard-Band）部署、带内（In-Band）部署。

其中，在独立部署模式下，系统带宽为200kHz。在保护带部署模式下，可以在5MHz、10MHz、15MHz、20MHz的LTE系统带宽下部署。在带内部署模式下，可以在3MHz、5MHz、10MHz、15MHz、20MHz的LTE系统带宽下部署。

NB-IoT和LTE系统一样，信道栅格（Channel Raster）要求LTE载波中心频率必须为100kHz的整数倍。在独立部署模式下，NB-IoT载波的中心频率是100kHz的整数倍。在带内部署和保护带部署模式下，NB-IoT载波的中心频率和信道栅格之间会有偏差，偏差为±7.5kHz、±2.5kHz。

在保护带部署模式下，为了降低LTE和NB-IoT之间的干扰，要求LTE系统发送带宽边缘到NB-IoT带宽边缘的频率间隔为15kHz的整数倍。

NB-IoT在独立部署模式下的信道间隔为200kHz；在带内部署和保护带部署的场景下，两个相邻的NB-IoT载波间的信道间隔为180kHz。

独立部署模式使用独立的200kHz系统带宽部署NB-IoT载波，而NB-IoT真正使用的是180kHz传输带宽，两边各留10kHz的保护带。在这种部署场景下，对于有GSM频谱资源的运营商来说比较方便，相当于使用一个独立GSM频点，即可满足NB-IoT部署需求。

NB-IoT端到端系统架构如图1-11所示。

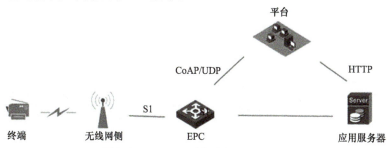

图1-11　NB-IoT端到端系统架构图

终端：UE（User Equipment），通过空口连接到基站eNodeB（evolved Node B，E-UTRAN基站）。

无线网侧：包括两种组网方式，一种是整体式无线接入网（Singel RAN），其中包括2G/3G/4G以及NB-IoT无线网，另一种是NB-IoT新建。主要承担空口接入处理、小区管理等相关功能，并通过S1-lite接口与NB-IoT核心网进行连接，将非接入层数据转发给高层网元处理。

核心网：EPC（Evolved Packet Core），承担与终端非接入层交互的功能，并将IoT业务相关数据转发到IoT平台进行处理。

平台：目前以电信平台为主。

应用服务器：以电信平台为例，应用server通过http/https和平台通信，通过调用平台的开放API来控制设备，平台把设备上报的数据推送给应用服务器。平台支持对设备数据进行协议解析，转换成标准的json格式数据。

3GPP定义了NB-IoT的3种部署场景：独立部署（Stamd-alone）、保护带部署（Guard-band）和带内部署（In-band）。NB-IoT有以下3种运营模式。

1）独立的在运营商的网络外面重做。

2）在LTE的保护带上，实际上它主要的原理是上行采用OFDMA，前后保留10kHz的保护带，它有两种子载波间隔，一种是3.75kHz的，另一种是间隔15kHz的。

3）带内模式，可利用LTE载波中间的任何资源块。

在了解NB-IoT的网络部署后，下面分别介绍NB-IoT的关键技术。

1.2.2 NB-IoT的广覆盖

物联网很多应用场景的网络信号很弱，NB-IoT可以在普通无线网络信号难以到达的地方实现广覆盖。和GPRS或LTE相比，NB-IoT最大链路预算提升了20dB，NB-IoT在下行信道上覆盖增强的增益主要来源于重复发送，即同一个控制消息或业务数据在空口信道上发送时，通过多次重复发送，用户终端在接收时，对接收到的重复内容进行合并，来提供覆盖能力。NB-IoT的广覆盖能力示意图如图1-12所示。

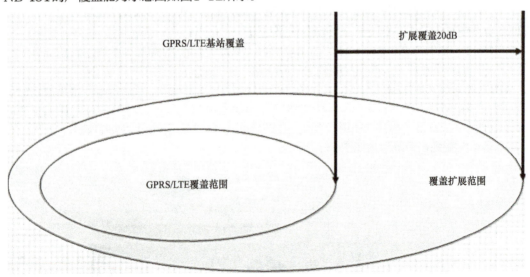

图1-12 NB-IoT的广覆盖能力示意图

和GPRS相比，NB-IoT在下行信道上覆盖增强的增益主要来源于重复发送，即同一个控制消息或业务数据在空口信道上发送时，通过多次重复发送，用户终端在接收时，对接收到的重复内容进行合并，来提供覆盖能力。

在上行方向上，NB-IoT支持3.75kHz、15kHz两种子载波间隔，支持单子载波（Single-Tone）和多子载波（Multi-Tone）资源分配。NB-IoT依赖功率谱密度增强（Power Spectrum Density Boosting，PSD Boosting）和时域重复（Time Domain Repetition，TDR）来获得比GPRS或LTE系统多20dB的覆盖增强。

功率谱密度增强是把NB-IoT上行的信号发射功率通过更窄带宽的载波进行发送，单位频谱上发送的信号强度便得到了增强，信号的覆盖能力和穿透能力也得到了增强。此外，在上行方向上，支持通过信道的重复发送，进一步提升上行信道的覆盖能力。

一般情况下，通信链路的下行覆盖大于上行覆盖，这是因为用户终端的发射功率往往受限，而网络侧远端射频模块发射功率理论上是很容易提升的。在链路预算中，计算最大耦合损耗（Maximum Coupling Loss，MCL）时大部分只是计算上行链路的覆盖增强。

等级（Coverage Enhancement Level，CE Level）分为3个等级，根据MCL的数值进行划分。NB-IoT基站eNB与UE之间会根据其所在的CE Level来选择相对应的信息重发次数，划分标准如下。

1）常规覆盖（Normal Coverage）MCL<144dB，与现有的GPRS覆盖一致。

2）扩展覆盖（Extended Coverage）144dB<MCL<154dB，在现有GPRS覆盖的基础上提升了10dB。

3）极端覆盖（Extreme Coverage）MCL>154dB，在现有GPRS覆盖的基础上提升了20dB。

考虑很多物联网终端都是在室内部署的，因此室内覆盖也是NB-IoT必须支持的场景之一，在某些极端覆盖情况下，NB-IoT的覆盖增益必须超出现有商用系统的20dB以上。

1.2.3　NB-IoT的低功耗

NB-IoT的用户终端可以工作在省电模式，用来降低电源消耗和延长电池寿命。用户终端在省电模式下工作时和设备关机类似，看起来好像和网络失联，但用户终端仍然注册在网络中，不需要重新附着或重新建立分组数据网络（Packet Data Network，PDN）连接。

终端芯片低功耗采用了以下几类关键技术。
- 芯片复杂度降低，工作电流减小。
- 空口信令简化，减小单次数传功耗。
- PSM（节能模式），降低电源消耗和延长电池寿命。
- 长周期TAR/RAU，减小终端发送位置更新的次数。
- 只支持小区选择和重选的移动性管理，减小测量开销等。

低功耗特性是物联网应用的一项重要指标，特别是对于一些不能经常更换电池的设备和场合，如大范围分散在各地的传感监测设备，它们不可能像智能手机一样一天充多次电，长达几年的电池使用寿命是最基本的需求。在电池技术无法取得突破的前提下只能通过降低设备功耗来延长电池的供电时间。

通信设备消耗的能量往往与传输数据量或通信速率有关，即单位时间内发出数据包的大小决定了功耗的大小。如果传输的数据量小，用户设备的调制解调器和功率放大器（Power

Amplifier，PA）就可以调到非常小的水平。NB-IoT聚焦于传输间隔大、小数据量、小速率、时延不敏感等应用，因此NB-IoT设备功耗可以做到非常小。

NB-IoT在LTE系统的非连续接收（Discontinuous Reception，DRX）基础上进行了优化，采用功耗节省模式（Power Saving Mode，PSM）和增强型非连续接收（Enhanced Discontinuous Reception，eDRX）两种模式。这两种模式都是通过用户终端发起请求，和移动性管理实体（Mobility Management Entity，MME）核心网协商的方式来确定。用户可以单独使用PSM和eDRX省电模式中的一种，也可以两种都激活。

不管是PSM模式还是eDRX模式，都可以理解成通过提升深度休眠时间的占比来降低功耗，但从另外一个方面来讲，实际上是牺牲了实时性。相比较而言，eDRX模式的省电效果会差一些，但实时性会好一些。这也是为什么在有了PSM模式之后还需要eDRX模式。这两种模式各有所长，又各有所短，正好可以用来适配不同的物联网应用场景。例如，eDRX模式可能更适合于宠物追踪，而PSM模式更适用于远程抄表业务。

尤其需要指出的是，NB-IoT的低功耗设计目标是针对低速率、低频次、电池供电的业务，10年的使用寿命是根据TR45.820的仿真数据得出的结果。在PSM模式和eDRX模式均部署的情况下，如果用户终端每天发送一次200B的报文，则5W·h的电池理论上可工作12.8年。

1.2.4　NB-IoT的低成本

一套成熟的蜂窝物联网应用体系，涉及NB-IoT芯片、通信模组、UE、运营商网络数据流量费用、通信协议栈、物联网平台、垂直应用软件、云平台、大数据、工程安装、运营维护等多个方面。对于物联网终端的海量部署特性，反映最直接的就是NB-IoT芯片的成本。

低成本芯片采用了以下几种关键技术。

- 180kHz窄带系统，基带复杂度低。
- 单天线、半双工，RF成本低。
- 低采样率，缓存RAM要求小。
- 协议栈简化，减少内RAM。
- NB-IoT使用License频段，可采取带内部署、保护带内部署或独立载波部署等3种方式，上行支持Single-Tone技术和Multi-Tone技术两种技术，下行采用OFDMA15kHz子载波。

在芯片设计方面，低功耗、低带宽带来的是低成本优势。速率低就不需要大的缓存，功耗低意味着射频（Radio Frequency，RF）设计要求低，低带宽则不需要复杂的均衡算法，减小最大传输块，简化调制解调编码方式，直接去掉IP多媒体子系统（IP Multimedia Subsystem，IMS）协议栈，简化天线设计，相比LTE芯片来说，众多因素使得NB-IoT芯片设计简化，进而带来低成本的优势。

NB-IoT Rel-13仅支持FDD半双工（Half-Duplex FDD，HD-FDD）Type-B模式，这意味着上行和下行在频率上分开，UE不会同时处理发送和接收，从而节省双工元器件的成本。UE在发送上行信号时，其前面的子帧和后面的子帧都不接收下行信号，使保护时隙加长，对设备的要求降低，并且提高了信号的可靠性。另外，半双工设计意味着只需多一个切换器就可以改变发送和接收模式，比起全双工所需的元器件，成本更低廉并且可降低电池能耗。还有另外两个因素需要重点考虑，一是运营商的建网成本，另外一个是产业链的成熟度。对于运营商建网成本，NB-IoT无须重新建网，RF和天线基本上都是复用的。对于产业链来说，芯片在NB-IoT整个产业链中处于基础核心地位，现在几乎所有主流的芯片和模组厂商都有明确的NB-IoT支持计划，这将打造一个较好的生态链，对降低成本是大有好处的。

1.2.5 NB-IoT的大连接

NB-IoT的基站是基于物联网模型进行设计的。物联网模型和手机模型不同，终端接入数量很大，但每个终端发送的数据包很小，对时延的要求也不敏感。

当前的2G、3G、4G基站设计主要是保障用户的并发通信和减小时延。但是，NB-IoT对业务时延不敏感，可以设计更多的用户接入，保存更多的用户上下文，这样就可以让5万个终端同时在一个小区，大量终端处于休眠状态，但是上下文信息由基站和核心网维持，一旦有数据发送，就可以迅速进入连接状态。

NB-IoT相比2G、3G、4G的通信系统，有50～100倍的上行容量提升。NB-IoT仿真的结果是每个小区可以达到5万个UE的连接，在仿真模型中，80%的用户为周期上报，20%的用户为网络控制。

NB-IoT要求eNB基站支持海量的低速率UE的接入，可以通过模型估算普通市区NB-IoT基站的容量，以伦敦模型为例，每个住户的设备数量是40个，如图1-13所示，具体算法如下。

ISD（Inter-Site Distance，基站间距离）=1732m

R（小区半径）=ISD/3≈577.3m

小区覆盖面积=0.86km^2（假设为正六边形）

每平方千米的住户密度=1517

每个住户的设备数量=40

每个小区的设备数量=小区覆盖面积×每平方千米的住户密度每个住户的设备数量≈52184

核心网侧面对大容量的压力，必须做好针对性的优化。物联网用户总数大，而且仍然是永久在线（即使终端进入了PSM休眠状态，核心网仍然保存着用户的所有上下文数据），核心网无论是签约、用户上下文管理，还是IP地址的分配都有新的优化需求。此外，相对于4G系统，NB-IoT核心网的业务突发性更强，可能某行业的用户集中在某个特定的时间段，同时收发数据，对核心网的设备容量要求、过载控制提出了新的方案。

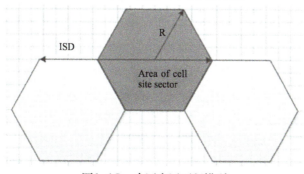

图1-13 小区扇区面积模型

1.2.6 NB-IoT的多址接入方式

NB-IoT下行物理层信道是基于传统的正交频分多址接入（Orthogonal Frequency Division Multiple Access，OFDMA）方式。一个NB-IoT载波对应一个资源块，包含12个连续的子载波，全部基于Δf=15kHz的子载波间隔设计，并且NB-IoT用户终端只工作在半双工模式。

NB-IoT上行物理层信道除了采用15kHz子载波间隔之外，为了进一步提升功率谱密度起到上行覆盖增强的效果，引入了3.75kHz子载波间隔。因此，NB-IoT上行物理层信道基于15kHz和3.75kHz两种子载波间隔设计，分为Single-Tone和Multi-Tone两种工作模式。

NB-IoT上行物理层信道的多址接入技术采用单载波频分多址接入（Single-Carrier Frequency Division Multiple Access，SC-FDMA）。在Single-Tone模式下，一次上行传输只分配一个15kHz或3.75kHz的子载波。在Multi-Tone模式下，一次上行传输支持1个、3个、6个或12个子载波传输方式。

1.2.7 NB-IoT的工作频段

NB-IoT沿用LTE系统定义的频段号，NB-IoT Rel-13指定了14个工作频段，一个NB-IoT载波，在频域上仅占用180kHz传输带宽。NB-IoT支持的工作频段见表1-5。

表1-5 NB-IoT支持的工作频段

频段	上行频率范围/MHZ	下行频率范围/MHz
Band1	1920~1980	2110~2170
Band2	1850~1910	1930~1990
Band3	1710~1785	1805~1880
Band5	824~849	869~894
Band8	880~915	925~960
Band12	699~716	729~746
Band13	777~787	746~756
Band17	704~716	734~746
Band18	815~830	860~875
Band19	830~845	875~890
Band20	832~862	791~821
Band26	814~849	859~894
Band28	703~748	758~803
Band66	1710~1780	2110~2200

表1-5中的Band3和GSM DCS1800频段重合，Band8和GSM900频段重合，便于GSM运营商升级到NB-IoT。

1.2.8 NB-IoT的数据帧结构

NB-IoT Rel-13仅支持FDD帧结构类型，不支持TDD帧结构类型。

一个NB-IoT载波相当于LTE系统中的一个PRB占用的带宽。在下行方向上，子载波间隔固定为15kHz，由12个连续的子载波组成。在时域上由7个正交频分复用（Orthogonal Frequency Division Multiplexing，OFDM）符号组成0.5ms的时隙，这样保证了和LTE系统的相容性，对于带内部署方式至关重要。当子载波间隔为15kHz时，NB-IoT的下行和上行都支持E-UTRAN无线帧结构；当子载波间隔为3.75kHz时，NB-IoT的上行通道定义了一种新的帧结构，每个时隙（Slot）2ms，5个时隙组成一个10ms的无线帧。

本章小结

1）NB-IoT是一种全新的基于蜂窝网络的窄带物联网技术，是3GPP组织定义的国际标准，可在全球范围内广泛部署，聚焦于低功耗广域网，基于授权频谱的运营，可直接部署于LTE网络，具备较低的部署成本和平滑升级能力。

2）蜂窝网络是一种移动通信架构，主要由移动终端、基站系统、网络系统组成。基站系统包括移动基站、无线收发设备、专用网络、无线数字设备等。基站系统可以看成无线网络与有线网络之间的转换器。

3）根据不同应用模式下对通信方式的诉求，通常把物联网设备分为以下两类，一类是固定节点或高速移动上行数据量大，对带宽要求较高；另一类是固定节点或低速移动数据量小，以设备上传数据到平台的形式为主。NB-IoT正是为了适应第二类的物联网设备而产生的。

4）NB-IoT定位于运营商级，基于授权频谱的低速率物联网市场，可直接部署于LTE网络，也可以基于目前运营商现有的2G、3G网络，通过设备升级的方式来部署，可降低部署成本和实现平滑升级，是一种可在全球范围内广泛应用的物联网新兴技术，可构建全球最大的蜂窝物联网生态系统。

5）NB-IoT技术的优势主要体现在以下方面。

1）广覆盖。

2）低功耗。

3）低成本，低速率、低功耗、低带宽可以带来终端的低复杂度，便于终端做到低成本。同时，NB-IoT基于蜂窝网络，运营商部署成本也比较低。

4）大连接，比现有2G、3G、4G移动网络有50～100倍的用户容量提升。

5）授权频谱NB-IoT可直接部署于LTE网络，也可以利用2G、3G的频谱重新来部署，无论是数据安全和建网成本，还是在产业链和网络覆盖，相对于非授权频谱都具有很强的优越性。

6）安全性，继承4G网络安全的能力，支持双向鉴权和空口严格的加密机制，确保用户终端在发送接收数据时的空口安全性。

习题

1）简述NB-IoT的概念、发展和特点。

2）列举几个身边NB-IoT应用的实例。

3）简述NB-IoT的特点优势。

4）简述NB-IoT的业务模型和商业模式。

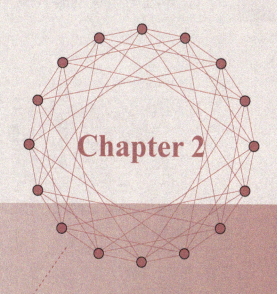

第 2 章

NB-IoT 体系架构及标准

本章概述

本章主要内容是NB-IoT标准体系,介绍NB-IoT网络体系结构和NB-IoT版本演进。帮助读者了解NB-IoT网络体系的整体架构,了解NB-IoT版本的迭代过程。通过学习,可对NB-IoT网络体系架构和NB-IoT版本演进有初步的了解,也为后续的学习提供基本理论知识。

学习目标

- 理解NB-IoT系统网络架构及其核心网功能划分、无线接口协议栈。
- 了解NB-IoT的标准体系。
- 了解NB-IoT版本演进。
- 能够简单描述NB-IoT的网络架构及通信机理。
- 能够说出NB-IoT最新版本的优缺点及版本演进原因。
- 具备开阔、灵活的思维能力。
- 具备积极、主动的探索精神。
- 具备严谨、细致的工作态度。

2.1 NB-IoT网络体系结构

通过对NB-IoT网络体系架构、核心网功能划分和无线接口协议栈的介绍，让读者了解NB-IoT的体系结构。

通过对NB-IoT网络体系架构、核心网功能划分和无线接口协议栈的解读，让读者对NB-IoT系统框架有一个宏观的把控，了解NB-IoT无线网络通信机理。进而分析并理解NB-IoT的体系结构。

建议读者带着以下问题去进行学习。

- ➢ NB-IoT系统网络架构的内部工作机理是什么？
- ➢ NB-IoT系统核心网功能是如何划分的？
- ➢ NB-IoT系统的无线接口协议是什么样的？

2.1.1 NB-IoT网络体系架构

传统的LTE网络体系架构，其目的是给用户提供更高的带宽、更快的接入，以适应快速发展的移动互联网需求。但在物联网应用方面，由于UE数量众多、功耗控制严格、小数据包通信、网络覆盖分散等特点，传统的LTE网络已经无法满足物联网的实际发展需求。

NB-IoT系统网络架构和LTE系统网络架构相同，都称为演进的分组系统（Evolved Packet System，EPS）。EPS主要包括3个部分，分别是演进的核心系统（Evolved Packet Core，EPC）、基站（eNodeB，eNB）、UE。

eNB基站负责接入网部分，也称为E-UTRAN，即无线接入网。

NB-IoT无线接入网整体架构如图2-1所示。

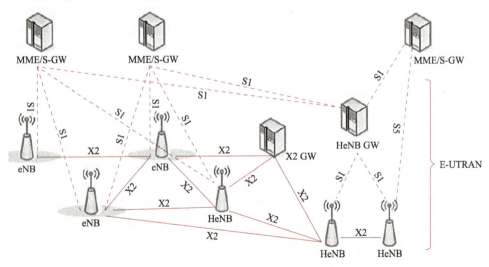

图2-1 NB-IoT无线接入网整体架构图

NB-IoT无线接入网由一个或多个基站（eNB）组成，eNB基站通过Uu接口（空中接口）与UE通信，给UE提供用户面（PDCP/RLC/MAC/PHY）和控制面（RCC）的协议终止点。eNB基站之间通过X2接口进行直接互连，解决UE在不同eNB基站之间的切换问题。接入网和核心网之间通过S1接口进行连接，eNB基站通过S1接口连接到EPC。

具体来讲，eNB基站通过S1-MME连接到MME，通过S1-U连接到S-GW。S1接口支持MME/S-GW和eNB基站之间的多对多连接，即一个eNB基站可以和多个MME/SGW连接，多个eNB基站也可以同时连接到同一个MME/SGW。

整个网络体系架构遵循以下原则。

- 信令传输和数据传输在逻辑上是独立的。
- E-UTRAN和EPC在功能上实现分离。
- RRC（Radio Resource Control）连接的移动性管理完全由E-UTRAN控制，核心网对无线资源的处理不可见。
- E-UTRAN接口上的功能定义尽量简化，并减少选项。
- 多个逻辑节点可以在一个物理节点上实现。
- S1和X2是开放的逻辑接口，应满足不同厂家设备之间的互联互通。

eNB基站通过S1接口连接到MME/S-GW，只是接口上传输的是NB-IoT消息和数据。尽管NB-IoT没有定义小区切换功能，但在两个eNB基站之间依然有X2接口，X2接口可以使UE在进入空闲状态之后快速启动恢复进程。

EPC负责核心网部分，提供全IP连接的承载网络，对所有的基于IP的业务都是开放的，能提供所有基于IP业务的能力集，包括移动性管理实体（Mobility Management Entity，MME）、服务网关（Serving Gateway，S-GW）、分组数据网关（PDN Gateway，P-GW）、业务能力开放单元（Service Capability Exposure Function，SCEF）、归属签约用户服务器（Home Subscriber Server，HSS）。不再支持政策及收费规则功能（Policy and Charging Rules Function，PCRF）。NB-IoT网络体系结构如图2-2所示。

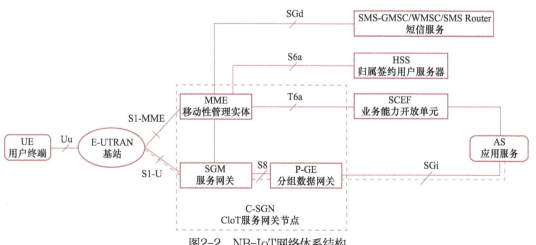

图2-2 NB-IoT网络体系结构

其中，MME负责EPC核心网的信令处理，实现移动性控制。S-GW负责EPC的数据处理，实现数据包的路由转发。若支持短信功能，NB-IoT网络还将包含移动交换中心（Mobile

Switching Center，MSC）服务器和短信中心。

NB-IoT网络和2G、3G的网元之间不存在接口，不具备网间互操作能力。

用户终端UE可以在附着、TAU（跟踪区更新，是变更跟踪区后的一种信令通知方式）过程中，与网络协商自身支持的NB-IoT能力，必须支持CP模式，可选支持UP模式。CP模式的全称是蜂窝物联网控制面EPS优化传输模式，UP模式的全称是蜂窝物联网用户面EPS优化传输模式。当MME或P-GW发送上行速率控制信息给UE之后，UE必须执行，以此来实现对上行小数据包传输的控制。

和LTE系统相比，NB-IoT网络体系架构主要增加了SCEF（业务能力开放单元）来支持CP模式和Non-IP数据的传输。在实际网络部署中，为了减少物理网元的数量，可以将部分核心网网元（如MME、S-GW、P-GW）合并部署成轻量级核心网网元，称为C-SGN（即CIoT服务网关节点）。

为了将物联网UE的数据发送给接入层（Access Stratum，AS）应用服务，eNB基站引入了NB-IoT能力协商，支持CP模式和UP模式。

对于CP模式，上行数据从R-UTRAN传输至MME，传输路径分为两条：一条分支是通过S-GW传输到P-GW再传输到应用服务器，另外一条分支是通过SCEF连接到应用服务器。下行数据传输路径一样，只是方向相反。

SCEF是专门为NB-IoT设计而新引入的，用于在控制面上传输Non-IP数据包，并为鉴权等网络服务提供一个抽象的接口。通过SCEF连接到应用服务器仅支持Non-IP数据传输，这一方案无须建立数据无线承载，数据包直接在信令无线承载上发送。因此，这一方案非常适合非频发的小数据包传输。

HSS引入了对UE签约NB-IoT接入限制、为UE配置Non-IP的默认APN（Access Point Name，接入点名称）和验证NIDD（Non IP Data Delivery，非IP数据传输）授权等。

对于UP模式，物联网数据传输方式和传统数据流量一样，在无线承载上发送数据由S-GW传输到P-GW再到应用服务器。因此，这种方案在建立连接时会产生额外开销，它的优势是数据包序列传输更快。这一方案支持IP数据和Non-P数据传输。

NB-IoT技术允许UE在附着、TAU消息中和MME协商基于CP模式的短信功能，即在NAS信令中携带短信数据包。

2.1.2 NB-IoT核心网功能划分

E-UTRAN和EPC核心网在NB-IoT网络架构中承担着彼此相互独立的功能，E-UTRAN由多个eNB基站功能实体组成，EPC由MME、S-GW和P-GW功能实体组成。

eNB基站功能如下。

- 无线资源管理功能，包括无线承载控制、无线接入控制、连接移动性控制上、下行资源动态分配和调度等。
- IP报头压缩和用户数据流的加密。
- 当UE携带的信息不能确定到达某个MME的路由时，eNB基站为UE选择一个MME。
- 使用户面数据路由到相应的S-GW。
- MME发起的寻呼消息的调度和发送。

- MME或运行和维护管理（Operation&Maintanence，O&M）发起的广播信息的调度和发送。
- 在上行链路中传输标记级别的数据包。
- UE不移动时的S-GW搬迁。
- 用于UP模式的安全和无线配置。

MME是LTE接入网络的关键控制节点，主要负责信令处理部分，包括移动性管理、承载管理、用户的鉴权认证、S-GW和P-GW的选择等功能。MME同时支持在法律许可的范围内进行拦截和监听。MME引入了NB-IoT能力协商、附着时不建立PDN连接、创建Non-IP的PDN连接、支持CP模式、支持UP模式、支持有限制性的移动性管理等。

S-GW是终止与E-UTRAN接口的网关，在进行eNB基站之间切换时，可以作为本地锚点并协助完成eNB基站的重排序功能，实现数据包的路由和转发，在上行和下行传输层进行分组标记，在空闲状态时实现下行分组的缓冲和发起网络触发的服务请求功能，用于运营商之间的计费。S-GW引入了支持NB-IoT的RAT类型、转发速率控制信息U隧道等。

P-GW终结和外部数据网络（如互联网、IMS等）的SGI接口，是EPS锚点，是3GPP与非3GPP网络之间的用户面数据链路的锚点，负责管理3GPP和非3GPP之间的数据路由，管理3GPP接入和非3GPP接入之间的移动，还负责动态主机配置协议（Dynamic Host Configuration Protocol，DHCP）、策略执行、计费等功能；如果UE访问多个PDN，则UE将对应一个或多个P-GW。P-GW引入了支持NB-IoT的RAT类型、创建Non-P的PDN连接、执行速率控制等。

S-GW和P-GW可以在一个物理节点或不同物理节点实现，E-UTRAN、MME、S-GW和P-GW是逻辑节点，RRC子层、分组数据汇聚协议（Packet Data Convergence Protocol，PDCP）子层、无线链路控制（Radio Link Control，RLC）子层、MAC子层、物理层是无线协议层。

2.1.3 无线接口协议栈

无线接口是指UE和接入网之间的接口，又称空中接口，或称Uu接口。无线接口主要是用来建立、重配置和释放各种无线承载业务。在NB-IoT技术中，无线接口是UE和eNB基站之间的接口，是一个完全开放的接口，只要遵循NB-IoT标准规范，不同制造商的设备之间就可以相互通信。

在NB-IoT的E-UTRAN无线接口协议架构中，分为物理层（L1）、数据链路层（L2）和网络层（L3）。NB-IoT协议层规划了两种数据传输模式，分别是CP模式和UP模式。其中，CP模式是必选项，UP模式是可选项。如果UE同时支持两种模式，具体使用哪种模式，通过NAS（Non-access stratum，非接入层）信令与核心网设备进行协商来确定。

在UE侧，控制面协议栈主要负责无线接口的管理和控制，包括RRC子层协议、PDCP子层协议、RLC子层协议、MAC子层协议、PHIY物理层协议和NAS控制协议。

协议要求，NB-IoT的UE和网络必须支持CP模式，并且不管是IP数据还是Non-IP数据，都封装在NAS数据包中，使用NAS层安全并进行报头压缩。UE进入空闲状态（RRC_Idle）后，UE和eNB基站不保留AS上下文。UE再次进入连接状态需要重新发起RRC连接建立请求。

CP模式总体架构和业务数据流如图2-3所示。

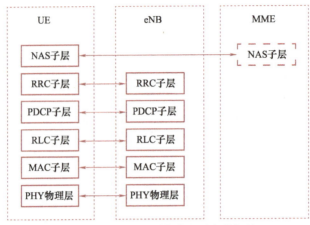

图2-3　CP模式总体架构和业务数据流

NAS协议处理UE和MME之间信息的传输，传输的内容可以是用户信息或控制信息（如业务的建立、释放或移动性管理信息）。控制面的NAS消息有连接性管理（Connection Management，CM）、移动性管理（Mobility Management，MM）、会话管理（Session Management，SM）和GPRS移动性管理（GPRS Mobility Management，GMM）等。

RRC子层处理UE和eNB基站之间控制面的第三层信息。RRC对无线资源进行分配并发送相关信令，UE和E-UTRAN之间控制信令的主要部分是RRC消息，RRC消息承载了建立、修改释放层（L2）和物理层协议实体所需的全部参数，同时也携带了NAS的一些信令。RRC协议在接入层中实现控制功能，负责建立无线承载，配置eNB基站和UE之间的RRC信令控制。

用户面协议栈如图2-4所示，包括PDCP、RLC、MAC和PHY物理层协议，功能包括报头压缩、加密、调度、ARQ和HARQ。

物理层为数据链路层提供数据传输功能，物理层通过传输信道为MAC子层提供相应的服务，MAC子层通过逻辑信道向RLC子层提供相应的服务。

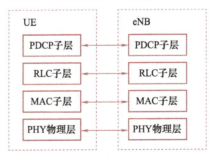

图2-4　用户面协议栈

PDCP子层属于无线接口协议栈的第二层，负责处理控制面上的RRC消息和用户面上的IP数据包。在用户面，PDCP子层得到来自上层的IP数据分组后，可以对IP数据包进行报头压缩和加密，然后递交到RLC子层。PDCP子层还向上层提供按序提交和重复分组检测功能。在控制面，PDCP子层为上层RRC提供信令传输服务，并实现RRC信令的加密和一致性保护，以及在反方向上实现RRC信令的解密和一致性检查。

2.2 NB-IoT的端到端系统架构

典型的组网主要包括4部分：终端、接入网、核心网、云平台。其中终端与接入网之间是无线连接，即NB-IoT，其他几部分之间一般是有线连接。

建议读者带着以下思考去进行学习。

- ➢ NB-IoT的端到端系统架构？
- ➢ NB-IoT的核心网、接入网、工作频段？
- ➢ NB-IoT网络参考框架？

2.2.1 NB-IoT的端到端系统架构

NB-IoT的端到端系统架构如图2-5所示。

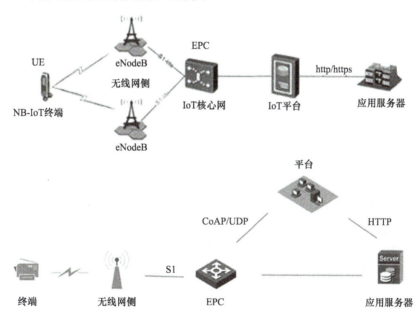

图2-5 NB-IoT端到端系统架构

1）NB-IoT终端：用户终端UE，通过空口连接到基站eNodeB。

2）eNodeB无线网侧：包括两种组网方式，一种是整体式无线接入网（Singel RAN），其中包括2G/3G/4G以及NB-IoT无线网；另一种是NB-IoT新建网。主要承担空口接入处理，小区管理等相关功能，并通过S1-LITE接口与IoT核心网进行连接，将非接入层数据转发给高层网元处理。这里需要注意，NB-IoT可以独立组网，也可以与E-UTRAN融合组网。

3）IoT核心网EPC：EPC（Evolved Packet Core）承担与终端非接入层交互的功能，

并将IoT业务相关数据转发到IoT平台进行处理。既可以独立组网,也可以与LTE共用核心网。

4)IoT平台:汇聚从各种接入网得到的IoT数据,并根据不同类型转发至相应的业务应用进行处理,目前以电信平台为主。

5)应用服务器:是IoT数据的最终汇聚点,根据客户的需求进行数据处理等操作。以电信平台为例,应用server通过http/https和平台通信,通过调用平台的开放API来控制设备,平台把设备上报的数据推送给应用服务器。平台支持对设备数据进行协议解析,转换成标准的JSON(JavaScript Object Notation,一种轻量级的数据交换格式)格式数据。

2.2.2 NB-IoT核心网

为了将物联网数据发送给应用,蜂窝物联网(CIoT)在EPS定义了以下两种优化方案。
1)CIoT EPS用户面功能优化(User Plane CIoT EPS optimisation)。
2)CIoT EPS控制面功能优化(Control Plane CIoT EPS optimisation)。

如图2-6所示,红色实线表示CIoT EPS控制面功能优化方案,黑色实线表示CIoT EPS用户面功能优化方案。

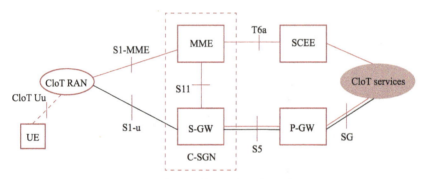

图2-6 蜂窝物联网(CIoT)数据传送示意图

对于CIoT EPS控制面功能优化,上行数据从eNB(CIoT RAN)传送至MME,在这里传输路径分为两个分支,一支通过S-GW传送到P-GW再传送到应用服务器;另一支通过SCEF连接到应用服务器(CIoT Services),后者仅支持非IP数据传送。下行数据传送路径一样,只是方向相反。

这一方案无需建立数据无线承载,数据包直接在信令无线承载上发送。因此,这一方案很适合非频发的小数据包传送。

SCEF是专门为NB-IoT设计而新引入的,它用于在控制面上传送非IP数据包,并为鉴权等网络服务提供了一个抽象的接口。

对于CIoT EPS用户面功能优化,物联网数据传送方式和传统数据流量一样,在无线承载上发送数据,由S-GW传送到P-GW再到应用服务器。因此,这种方案在建立连接时会产生额外开销,不过,它的优势是数据包序列传送更快。这一方案支持IP数据和非IP数据传送。

对于数据发起方,由终端选择决定哪一种方案。对于数据接收方,由MME参考终端习惯,选择决定哪一种方案。

2.2.3 NB-IoT接入网

NB-IoT的接入网构架与LTE一样,如图2-7所示。

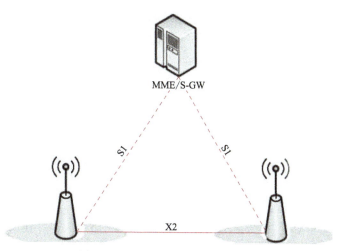

图2-7　NB-IoT接入网示意图

eNB通过S1接口连接到MME/S-GW，只是接口上传送的是NB-IoT消息和数据。尽管NB-IoT没有定义切换，但在两个eNB之间依然有X2接口，X2接口使能UE在进入空闲状态后，快速启动resume流程，接入到其他eNB（resume流程将在本文后面详述）。

2.2.4　NB-IoT频段

NB-IoT沿用LTE定义的频段号，Release 13为NB-IoT指定了14个频段。见表2-1。

表2-1　NB-IoT频段

Band Number	Uplink frequency range/MHz	Downlink frequency range/MHz
1	1920～1980	2110～2170
2	1850～1910	1930～1990
3	1710～1785	1805～1880
5	824～849	869～894
8	880～915	925～960
12	699～716	729～746
13	777～787	746～756
17	704～716	734～746
18	815～830	860～875
19	830～845	875～890
20	832～862	791～821
26	814～849	859～894
28	703～748	758～803

2.2.5　NB-IoT网络参考框架

NB-IoT定位于运营商级，基于授权频谱的低速率物联网市场，可直接部署于LTE网络，也可以基于目前运营商现有的2G、3G网络，通过设备升级的方式来部署，可降低部署成本和实现平滑升级，可构建全球最大的蜂窝物联网生态系统。

NB-IoT的系统带宽为200kHz，传输带宽为180kHz，这种设计优势主要体现在以下3个方面。

第一，NB-IoT系统的传输带宽和LTE系统的一个物理资源块（Physical Resource Bloc，PRB）的载波带宽相同，都是180kHz，使其与传统LTE系统很好地兼容。此外，窄带宽的设计为LTE系统的保护带（Guard-Band）部署带来了便利，对于运营商来说，易于实现与传统LTE网络设备的共站部署，有效降低了NB-IoT网络建设与运维的成本。

第二，NB-IoT系统的系统带宽和GSM系统的载波带宽相同，都是200kHz，使其在GSM系统的频谱中实现无缝部署，对运营商重耕2G网络频谱提供了先天的便利性。

第三，NB-IoT将系统带宽收窄至200kHz，将有效降低NB-IoT用户终端射频芯片的复杂度，同时，更窄的带宽提供更低的数据吞吐量，NB-IoT用户终端芯片的数字基带部分的复杂度和规格也将大幅降低。这使得NB-IoT芯片可以实现比传统LTE系统更高的芯片集成度，进一步降低芯片成本及开发复杂度。

典型的NB-IoT网络架构分为3层，分别是感知层、网络层、应用层。

NB-IoT的感知层：由各种传感器构成，包括温湿度传感器、二维码标签、RFID标签和读写器、摄像头、红外线、GPS等感知终端。感知层是物联网识别物体、采集信息的来源。如果将NB-IoT比喻为人的话，感知层就是眼睛、鼻子、耳朵、皮肤等感觉器官。

NB-IoT的网络层：由各种网络，包括互联网、广电网、网络管理系统和云计算平台等组成，是整个物联网的中枢，负责传递和处理感知层获取的信息。窄带物联网网络层相当于人的神经系统，传输各种信号。

NB-IoT的应用层是物联网和用户的接口，它与行业需求结合，实现物联网的智能应用。物联网的应用层相当于人的大脑，负责分析和处理各种数据。

NB-IoT网络整体框架一般由行业终端、NB-IoT模块、基站、核心网、IoT平台、应用服务器几部分组成。行业终端和NB-IoT模块可以看作感知层，基站和核心网可以看作网络层，IoT平台和应用服务器可以看作应用层。

这里给出华为公司的NB-IoT网络总体框架供读者参考，如图2-8所示。

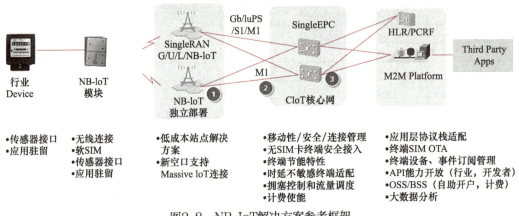

图2-8 NB-IoT解决方案参考框架

其中：

① 重用站点基础设施，降低部署成本。

② 支持接口优化，优化30%以上信号开销，支持终端节电和降成本。

③ 基于CloudEdge平台优化的IoT专用核心网，可与现网组pool，降低连接成本。

2.3 NB-IoT标准体系

通过对NB-IoT版本标准体系以及各个版本的介绍,让读者简单了解NB-IoT各个版本的优缺点,对NB-IoT版本的标准体系有一个整体的了解,进而理解NB-IoT各个版本的优势以及演变的原因。

建议读者带着以下问题去进行学习。
- ➢ NB-IoT Rel-13版本标准体系是什么?
- ➢ NB-IoT Rel-14和NB-IoT Rel-15版本增强了什么?
- ➢ 5G版本增强了什么?

2.3.1 NB-IoT标准进展

NB-IoT WI最初计划在2016年3月完成标准化工作,由于RAN1、RAN2和RAN4的进展低于预期,延期到2016年6月完成标准化工作。为加速NB-IoT的标准化进展,RAN1/2/4在3GPP常规会议基础上,增加了多次NB-IoT Ad-Hoc临时会议,以确保在2016年6月能够完成NB-IoT的立项核心部分的标准化工作。

截至2016年6月底,NB-IoT Core part在RAN的标准化工作已经基本完成。在2016年6月RAN#72全会后已经发布NB-IoT最初版本,涉及36.211、36.212、36.213、36.214、36.300、36.304、36.306、36.321、36.322、36.323、36.331、36.101和36.104等。

2.3.2 NB-IoT Rel-13版本标准体系

3GPP的协议规范有固定的编号方式,NB-IoT系列规范主要集中在36系列。其中,36系列的TS36.1**系列为射频相关规范,TS36.2**系列为物理层相关规范,TS36.3**系列为Uu接口高层系列规范,TS36.4**系列为各个接口网元接口规范,TS36.5**系列为终端一致性测试规范。

2.3.3 NB-IoT Rel-14版本增强

NB-IoT不再有QoS的概念,这是因为现阶段的NB-IoT并不打算传输时延敏感的数据包。为了应对更多的物联网使用场景,2016年6月,3GPP的72号会议批准了NB-IoT Rel-14工作组,计划于2017年9月之前实现eNB-IoT。

在Rel-14的版本中,eNB-IoT的功能增强主要如下:定位增强、多载波增强、多播传输增强、移动性增强、蜂窝物联网增强。

此外,为了降低时延和功耗,定义了新的UE类别,增大了TBS并且引入了2HARQ进程。为了小尺寸的电池,引入了新的功率等级。

2.3.4 NB-IoT Rel-15版本增强

在2017年3月9日的3GPP RAN #75次会议中,通过了NB-IoT Rel-15版本的增强的工作目标，其主要演进包括以下方向。
- 支持基于TDD的NB-IoT部署。
- 进一步降低时延和功耗。
- 提高终端PRM测量精度。
- NPRACH的可靠性和覆盖范围增强。
- 支持NB-IoT Small Cell。
- 减小获取系统信息时延。
- 进一步对终端进行分类。
- 接入拒绝的增强。
- Standalone独立部署模式的增强。
- PHR反馈的增强。

有了Rel-15版本的进一步增强，NB-IoT将支持更灵活的部署，提供更低的功耗，更短的时延，更好的性能

2.3.5　5G版本演进

3GPP定义了3种重要的5G部署场景，即增强宽带移动通信、巨量机器类型通信、超可靠性及低时延通信。

MMTC将是5G的重要部署场景，主要涉及：
- 大连接密度，计划保证每平方公里部署100万个UE。
- 终端功耗消耗。
- 覆盖增强。

2.3.6　NB-IoT未来发展趋势

3GPP已经在2018年3月发布了NSA的whole version ASN，并在2018年9月发布了SA的ASN。这意味着R15的大部分内容已经完成。下一个努力的目标自然是就是5G演进的R16版本。

随着NB-IoT对行业的不断渗透，生态体系的不断完善，其对社会发展的影响将越来越明显。本书从当前NB-IoT网络部署、产业发展现状角度出发，对现阶段NB发展情况进行了梳理，在分析了NB芯片、模组和应用终端的同时，提出了NB-IoT网路部署策略及业务拓展的策略，从而为运营商立足管道连接优势，提高连接价值的发展过程提供借鉴。

在3GPP RAN#74次会议中，已经同意NB-IoT是将来逐步演进到5G物联网应用的基础。3GPP的IMT-2020的自评中，对NB-IoT/LET的eMTC技术进行mMTC需求的评估。换句话说，NB-IoT已经公认是5G mMTC的一个候选技术。

从长远看，NB-IoT仍然是风口，这中间需要网络、芯片模组、平台（连接、使能）等多方共同合力。Comobs（通信观察）的观点是，2019年起基于NB-IoT的连接数月均增幅，会超出以往任何3G/4G制式渗透率达到30%以后的增幅，eMTC是与NB-IoT形成真正互补的主力军。R15 M-IoT达成共识NB-IoT与eMTC协同并进，从网络运营、安全、干扰、规模、价值等角度，NB-IoT和eMTC的优势远远超过非授权的物联网制式。

在国内市场，三大运营商给出了eMTC商用时间表，eMTC商用节点接近甚至同步于NB-IoT规模普及的时间节点。国内M-IoT差异化场景需求与商用方面，在以往2G、Cat.1的基

础上,近阶段是NB-IoT打头阵,eMTC补充,并不是外界所认为的,国内市场因为商用NB-IoT,而排斥eMTC的发展。同理,也能够理解NB-IoT与LoRa之间的潜在关系。

每种技术定位不同,工作机制不同,eMTC在消费级市场的应用前景较好,如户外运动中的可穿戴设备。NB-IoT目前偏向抄表、路灯等看似简单的场景,抄表场景的收费模式看似趋向单一,但对网络覆盖要求极高,作为单一场景背后首先商用的意义不言而喻。

从商用模式上看,NB-IoT的价值在于海量连接后的提升价值,比如水务抄表结合路政洒水使用、消防栓维护、水质监测、大气污染对水资源的影响、废水再利用、水源调度、人工降雨等,NB-IoT的重点在于行业价值,实现供给侧结构性改革。再如智能路灯,节省的不仅仅是电费,还有维护成本的下降,比如对单/多盏路灯照明的实时化/场景化的自动远程控制,当一座城市忽然乌云密布时,或某条街道在长时间无车辆或行人通过时,要精确到点亮几盏路灯。

2019年5G网络基本开始商用,这项技术将为NB-IoT带来更多的改变。同时,NB-IoT、LTE-M、eMTC都已经被纳入进5G当中,而3GPP已经完成了5G核心网对这些技术无线接入网的支持,让运营商能够在保留这些技术网络部署的情况下向着5G NR平滑升级。这表示NB-IoT在5G当中也能发挥良好的作用,同时也有望成为更低功耗的新物联网标准。

本章小结

1)NB-IoT系统网络架构和LTE系统网络架构相同,都称为演进的分组系统(Evolved Packet System,EPS)。EPS包括3个部分,分别是演进的核心系统(Evolved Packet Core,EPC)、基站(eNodeB,eNB)、UE。

2)E-UTRAN和EPC核心网在NB-IoT网络架构中承担着彼此相互独立的功能,E-UTRAN由多个eNB基站功能实体组成,EPC由MME、S-GW和P-GW功能实体组成。

3)无线接口是指UE和接入网之间的接口,又称空中接口,Uu接口。无线接口主要是用来建立、重配置和释放各种无线承载业务。在NB-IoT技术中,无线接口是UE和eNB基站之间的接口,是一个完全开放的接口,只要遵循NB-IoT标准规范,不同制造商的设备之间就可以相互通信。

4)物理层位于无线接口协议栈的最底层,提供物理介质中数据传输所需要的所有功能,物理层为MAC层和高层提供信息传输的服务。

5)NB-IoT版本长期演进的结果是与时俱进的,现有的版本可满足较大规模的物联网部署,持续的功能迭代可以修正现有版本的不足,最终符合LPWAN市场需求的国际标准技术体系。

习 题

1)简述NB-IoT系统网络架构。
2)NB-IoT版本的迭代有什么好处?
3)简述NB-IoT未来发展趋势。

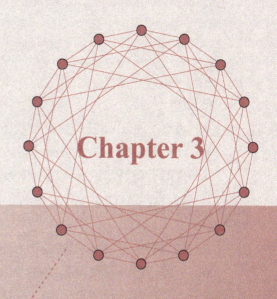

Chapter 3

第 3 章

NB-IoT的应用领域

本章概述

NB-IoT网络适合广覆盖、大连接的应用需求，面向室内、交通路网、地下管网等应用场景，实现广度和深度覆盖，主要应用于公共服务、个人生活、工业制造、新技术新业务等领域。现阶段，NB-IoT垂直行业主要集中在交通行业、物流行业、卫生医疗、商品零售行业、智能抄表、公共设施、智能家居、智能农业、工业制造、企业能耗管理、企业安全防护等。

智慧城市也被看成是集各综合物联网应用产业于一身的综合体。本章的主要内容是关于NB-IoT的新技术在智慧城市建设中的典型应用。首先对智慧城市进行了简要的介绍，然后分别介绍了城市建设中的智慧交通、智能抄表、智能穿戴设备以及智慧物流等领域中相关的技术，并各自分析了NB-IoT等技术在上述相关领域中的应用案例。通过本章的学习，让读者对NB-IoT在智慧城市中的应用有一个初步的了解，也为后续的学习提供最基本的理论知识和操作技能。

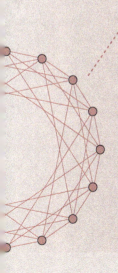

学习目标

- 理解NB-IoT的概念和特点。
- 了解智慧城市的概念和特点。
- 理解智慧城市的公共服务体系和新模式。
- 理解智慧交通中涉及的各类技术以及NB-IoT的相关应用。
- 理解智能抄表技术和NB-IoT的相关应用。
- 了解智能穿戴设备相关技术和NB-IoT的相关应用。
- 了解智慧物流相关技术和NB-IoT的相关应用。
- 具备开阔、灵活的思维能力。
- 能够对智慧城市有感性的认知。
- 能够理解智慧交通、智能抄表、智能穿戴和智慧物流的典型框架。
- 能够说出智慧交通、智能抄表、智能穿戴和智慧物流中使用的常用技术。
- 能够说出NB-IoT在智慧交通、智能抄表、智能穿戴和智慧物流中的应用。
- 了解智慧城市的公共服务体系和新模式。
- 具备开阔、灵活的思维能力。
- 具备积极、主动的探索精神。
- 具备严谨、细致的工作态度。

3.1 智慧城市

3.1.1 智慧城市的概念

智慧城市是以互联网、物联网、电信网、广电网、无线宽带网等网络组合为基础，以智慧技术高度集成、智慧产业高端发展、智慧服务高效便民为主要特征的城市发展新模式。现在全球各大城市都在建设智慧城市，让城市更好地服务大众，基于蜂窝通信的窄带物联网（NB-IoT等技术）在智慧城市建设中已经开始发挥作用。

智慧城市，是新一轮信息技术变革和知识经济进一步发展的产物，是工业化、城市化与信息化的深度融合，并向更高阶段迈进的表现。加快智慧城市建设，将有力推进物联网、低碳、节能、环保等技术的应用，不仅能够吸引集聚一批知识密集、信息密集、创新密集的高技术、高附加值的先进制造业和高端服务业，还能够通过新兴技术的应用，有效提升传统产业的科技含量，加快传统城市产业结构的转型升级。随着城市智慧度水平的提高，城市的能源消耗率和污染排放率将大幅降低，有利于推动向低碳化、可持续的生态文明城市转型。

3.1.2 智慧城市的特征

"智慧城市"的理念就是把城市本身看成一个生态系统，城市中的市民、交通、能源、商业、通信、水资源构成了一个个的子系统。这些子系统形成一个普遍联系、相互促进、彼此影响的整体。在过去的城市发展过程中，由于科技力量的不足，这些子系统之间的关系无法为城市发展提供整合的信息支持。而在未来，借助新一代的物联网、云计算、决策分析优化等信息技术，通过感知化、物联化、智能化的方式，可以将城市中的物理基础设施、信息基础设施、社会基础设施和商业基础设施连接起来，成为新一代的智慧化基础设施，使城市中各领域、各子系统之间的关系显现出来，就好像给城市装上网络神经系统，使之成为可以指挥决策、实时反应、协调运作的"智能系统"。智慧城市意味着在城市不同部门和系统之间实现信息共享和协同作业，更合理地利用资源，做出最好的城市发展和管理决策，及时预测和应对突发事件和灾害。智慧城市分层体系架构如图3-1所示。

智慧城市，是具备互联互通、充分整合、协同运作、创新发展能力的新型城市发展模式。近年来，随着城市化的加速发展，城市发展正面临着道路交通拥挤、公共资源紧张、环境污染严重等"城市病"的困扰。建设智慧城市的一个重要内容，就是加快建设智慧公共服务和城市管理系统。通过加强就业、医疗、文化、安居等专业性应用系统建设，提升城市建设和管理的规范化、精准化和智能化水平，将有效促进城市公共资源在全市范围共享，积极推动城市人流、物流、信息流、资金流的协调高效运行，提升城市运行效率和公共服务水平的同时，推动城市发展转型升级。

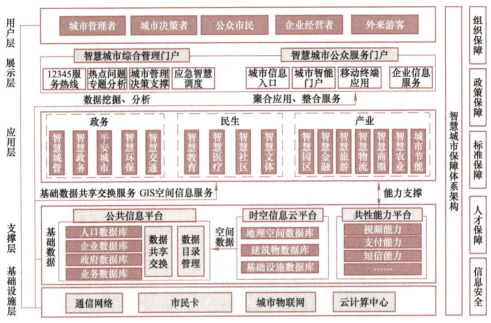

图3-1 智慧城市分层体系架构图

3.1.3 智慧城市公共服务体系

智慧城市公共服务体系的基本目标是实施智能化、数字化、信息化城市公共服务体系建设，提高城市管理服务水平，打造"出行便捷、信息快速、服务优质"的新型功能化城市，智慧城市公共服务体系如图3-2所示。

图3-2 智慧城市公共服务体系

3.1.4 智慧城市公共服务新模式

IBM提出的智慧城市核心体系分为3部分，包括操作系统（即城市服务体系，包括公共服务和政府管理）、用户系统（即市民体系，包括卫生、教育、公共安全和商业系统）、基础设施系统（交通、通信、水电等）。智慧城市中的公共服务新模式如图3-3所示，政府作为公共服务的提供和监管者，能够更加高效和高质地服务城市中的企业和公共大众。整个模式是以公共服务为中心，通过信息化手段提升公共服务效率，提升政府公共服务管理精细化；以基础设施建设为先导作为智慧城市建设的切入点；以资源环境、民生保障与服务作为智慧城市建设的重要关注点；以产业经济服务和社会管理服务作为智慧城市建设的重要突破口；以促进本地特色产业发展作为智慧城市建设的可持续发展目标，不断提升城市竞争力。目前智慧城市公共服务建设一般有4种模式，包括政府投资运营企业参与建设；政府与企业合资建设与管理；政府统筹规划，企业投资建设；企业建设运营，政府、公众购买服务。各个城市根据自身的需求和特色选择不同的建设模式。

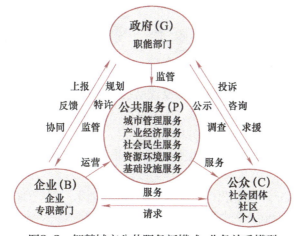

图3-3 智慧城市公共服务新模式-业务关系模型

3.2.1 智慧交通概述

智慧交通是指一个基于现代电子信息技术面向交通运输的服务系统（见图3-4）。它的突出特点是以信息的收集、处理、发布、交换、分析、利用为主线，为交通参与者提供多样性的服务；是在智能交通的基础上，在交通领域中充分运用物联网、云计算、人工智能、自动控制、移动通信等技术汇集交通信息，对交通管理、交通运输、公众出行等交通领域全方面以及交通建设管理全过程进行管控支撑，使交通系统在区域、城市甚至更大的时空范围具备感知、互联、分析、预测、控制等能力，充分保障交通安全，发挥交通基础设施效能，提升交通系统运行效率和管理水平，为通畅的公众出行和可持续的经济发展服务。

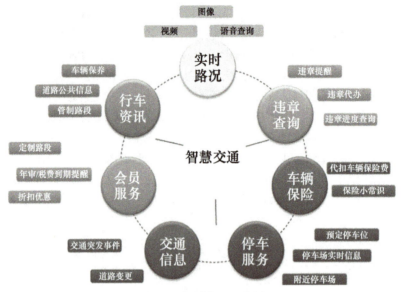

图3-4 智慧交通示意图

城市智慧交通系统的建设应以国家智能交通系统体系框架为指导，建成"高效、安全、环保、舒适、文明"的智慧交通与运输体系，大幅度提高城市交通运输系统的管理水平和运行效率，为出行者提供全方位的交通信息服务和便利、高效、快捷、经济、安全、人性、智能的交通运输服务，为交通管理部门和相关企业提供及时、准确、全面和充分的信息支持和信息化决策支持。

智慧交通是以智慧路网、智慧出行、智慧装备、智慧物流、智慧管理为重要内容，以信息技术高度集成、信息资源综合运用为主要特征的大交通发展新模式。大量使用了数据模型、数据挖掘、通信传输技术和数据处理技术等，实现了智慧交通的系统性、实时性、信息交流的交互性以及服务的广泛性。NB-IoT在智慧交通的相关领域中有着广泛的应用前景，下面逐项来展开。

3.2.2 交通数据采集技术

实时、准确的交通信息采集是实现交通控制与管理，以及交通流诱导等应用的前提和关键。通常根据信息的变化程度，将交通信息分为2种，静态交通信息和动态交通信息。其中，**静态交通信息**指短期内不会发生太大变化的交通信息，如路网信息、交通基础设施信息等；**动态交通信息**是指随时间变化的交通信息，如交通流信息、交通事故信息、环境状况信息等。而智能交通的信息采集主要关注的是动态交通信息中的交通流信息，如车流量、平均车速、车辆类型、车辆定位、行程时间等。对于上述不同类型的交通信息，采集技术种类很多，动态交通信息采集可分为非自动采集和自动采集两大类。非自动采集需要人工干预才能完成交通信息的采集，需要大量的人力和物力，不适用于长时间的观测，而且人工采集获得的动态交通信息很难满足智慧交通对交通信息的实时性要求。自动采集技术完全依靠采集设备自动感知道路上车辆的存在和通过，实现对交通流信息全方位、实时的采集。

静态交通信息主要包括与道路交通规划、管理相关的一些比较固定的、在短期内不会发生太大变化的信息。主要包括，规划国土信息（国土总体规划信息、企事业单位位置）、城市道路网基础信息（如道路技术等级、长度、收费、立交连接方式等）、城市基础地理信息（如路网分布、功能小区的划分、交叉口的布局、城市基础交通设施信息等）、车辆保有量信息（包括分区域、时间、不同车种车辆保有量信息等）及交通管理信息（如单向行驶、禁止左转、限制进入等）等。因此，静态交通信息通常采用人工调查或仪器测量的方式来获取。为了减少不必要的重复性工作，并且减少数据不一致的可能性，还可以通过与其他系统对接的方式，从其他相关系统得到有关基础信息。静态信息是相对稳定的，变化的频率很小，并且变化没有规律。因此，静态交通信息不需要实时采集，一般一次性输入，直到数据发生变化的时候才需要修改。

动态交通信息主要包括通过各种检测设备提供的道路交通实时采集信息与人工报告、观测的交通信息，这些信息是不断变化的。例如，网络交通流现状特征信息（流量、速度、密度等）、交通紧急事故信息（事故发生地点、类型、严重程度等）、在途车辆与驾驶员实时信息、环境状况信息、交通动态管理与控制信息等。

对于自动采集技术，根据被采集车辆是否与采集系统进行交互，即是否独立于采集系统，交通信息采集技术分为2大类，**独立式采集技术和协作式采集技术**。独立式采集技术主要包括感应线圈检测、地磁检测、微波检测、红外线检测、视频检测。在独立式采集技术中，被检测车辆不会向采集系统发送和接收任何信息，完全由采集系统自主实现信息采集。协作式采集技术主要包括基于GPS定位的采集技术、基于RFID的采集技术和基于蜂窝网络的采集技术。在协作式采集技术中，被检测车辆上会有相应的车载设备，如GPS终端，通过它与整个采集系统的其他部分进行信息交换，以实现信息采集。常用的交通信息采集技术对比见表3-1。

表3-1 不同交通采集技术的对比

内容	感应线圈	微波	红外线	视频
技术成熟度	高	高	高	中
交通量检测精度	中	中	高	中
车型分类精度	低	中	中	低
速度检测精度	中	中	高	中
抗干扰能力	高	中	中	中
设备稳定性	高	中	中	高
维护方便性	高	高	高	高
使用寿命	长	长	长	长
价格	低	中	中	低
其他	全天候，但存在跨通道误检问题	存在车辆互相遮挡	受环境影响较大	算法实时性差，易受光线影响，近些年技术有所提升

1. 独立式采集技术

独立式采集技术又称车辆检测技术，目前具有代表性的分类方法是按检测器的工作方式及工作时的电磁波波长范围，可以分为3类，磁频检测、波频检测和视频检测。

（1）磁频检测

常用的磁频检测技术的技术有，环形线圈检测器和磁力检测器。

1)环形线圈检测器。

环形线圈检测器是传统的交通检测器,是目前世界上用量最大的一种检测设备。车辆通过埋设在路面下的环形线圈时,会引起线圈磁场的变化,检测器据此计算出车流量、占有率。借助环形线圈的平均有效长度,还可计算出车辆速度。如要准确地直接测量速度,可采用两组线圈的方案,间距约6m。跟其他方法相比,环形检测器技术相对成熟,易于掌握,并有成本较低的优点。但是,线圈在安装或维护时必须直接埋入车道,交通会暂时受到阻碍;埋置线圈的切缝会软化路面,容易使路面受损,尤其是在有信号控制的十字路口,车辆启动或者制动时可能会加重损坏;感应线圈易受冰冻、路基下沉、盐碱等自然环境的影响;感应线圈由于受自身的测量原理所限制,当车流拥堵,车间距小于3m的时候,其检测精度大幅度降低,甚至无法检测。环形线圈检测器如图3-5所示。

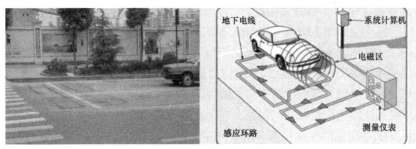

图3-5 环形线圈检测器

2)磁力检测器。

磁力检测器是被动接收设备,当铁质物体通过检测区域时,会引起磁场强度的变化,磁力检测器就是通过检测磁场强度的异常来确定是否有车辆出现的。当车辆进入并通过磁力检测器的检测区域,且检测器的磁场强度发生超过预设的阈值时,车辆会被检测到。磁力检测器可检测小型车辆,包括自行车,但一般不能检测静止的车辆。地磁检测器是磁力感应器的一种,其检测原理如图3-6所示。

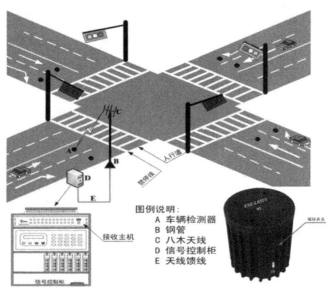

图3-6 磁力检测器示意图

采用NB-IoT技术的无线地磁车辆检测器（见图3-7），是基于无线通信技术及地磁感应技术的无线车辆检测器。按照检测的应用领域划分，车检器可分为存在型和流量型两类。其中，存在型车检器用于停车位的管理与监控。流量型车检器主要应用于动态交通，采集车流量、流速、占有率、车头时距等综合交通数据，通过与交通信号控制机联动，可合理切换信号灯时长，实现智能化交通管理。其优点是采用NB-IoT通信技术，利用运营商的NB网络基站，将停车数据直传平台，无需安装接收设备。而且采用低功耗设计理念，每个车检器的使用寿命可达5年以上。

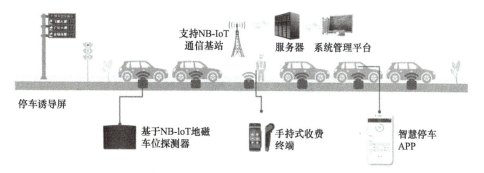

图3-7 NB-IoT无线地磁车辆检测器

（2）波频检测

常用的波频检测技术包括微波检测器和红外线检测器。

1）微波检测器。

微波检测器利用雷达线性调频技术原理，对检测路面发射微波，通过对反射回来的微波信号进行检测，实现车速、车身长度、车流量、车道占有率等交通信息的采集。微波雷达检测器按工作原理可分为连续波多普勒雷达和调频连续波雷达两种类型。

当车辆驶向检测区域时，雷达所接收的信号频率增大；当车辆驶离检测区域时，雷达所接收的信号频率降低，这就是多普勒效应。连续波多普勒雷达就是利用多普勒效应以连续波来对车辆进行测速，即通过发射雷达波和接收雷达波间的频率变化来确定车速。连续波多普勒雷达可用于城市快速路及高速公路上的车辆测速，但一般不能检测静止的车辆。微波车辆检测器如图3-8所示。

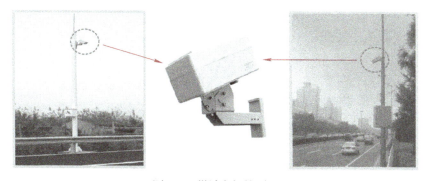

图3-8 微波车辆检测器

调频连续波雷达发射调频连续的雷达波（发射频率随时间变化），通过对车辆反射后的回波信号进行处理来检测交通流信息。调频连续波雷达通常沿车辆运行方向将观测区域划分成几个车辆监测区,从而使道路上更小区域反射的信号可以被区分和确认以达到测量车速的目的。

微波雷达交通检测器主要应用于高速公路、桥梁、城市快速路和普通公路交通流量调查站的技术交通参数采集,提供车流量、道路占有率、速度和车型等实时信息。

2)红外线检测器。

红外线车辆检测器可分为主动式和被动式两种。

主动红外线检测器(见图3-9)中,激光二极管在红外线波长范围(即光谱长度为 $0.85\mu m$)附近工作,发射低能红外线照射检测区域,并经过车辆的反射返回检测器,可检测车辆出现、流量、速度、密度和车型分类。

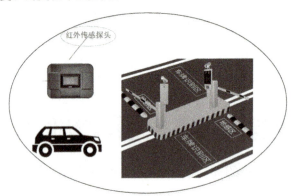

图3-9 主动红外线检测器

被动红外线检测器(见图3-10)本身不发射红外线,而是接收来自两个来源的红外线,检测器监测范围内的车辆、路面及其他物体自身散发的红外线和它们反射的来自太阳的红外线。路面反射的红外线与车辆反射的红外线水平不同,被动红外检测器就是依据反射的红外线水平来检测车辆的存在。红外线检测器可安装在车道上方,也可安装在路旁,具有安装方便、维护成本低的特点,但易受气候等环境因素的影响。

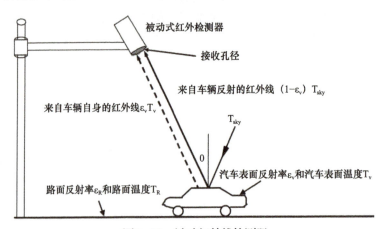

图3-10 被动红外线检测器

(3)视频检测

交通视频检测系统一般由摄像机、嵌入式系统及处理软件组成。视频检测系统将采集到的连续模拟图像转换成离散的数字图像后,经软件分析处理可得到交通流量、车速、车头时距、占有率等交通参数。视频检测系统如图3-11所示。

图3-11 视频检测系统

具有车辆跟踪功能的视频检测系统可确认车辆的转向及变车道动作,视频检测器能采集的交通参数最多,且采集的图像可重复使用,常用于隧道、道路交叉口的交通监控。但视频检测精度易受雪、雾、雨等恶劣气候的影响,也不太适用于夜间的交通信息采集。如图3-12所示。

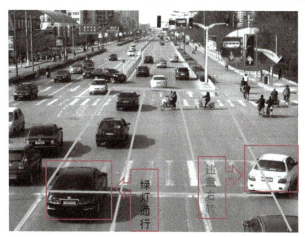

图3-12 具备车辆跟踪功能的视频检测系统

2. 协作式采集技术

在协作式采集技术中,通过被检测车辆上相应的车载设备与整个采集系统的其他部分进行信息交换,以实现信息采集。主要包括基于GPS定位的采集技术、基于RFID的采集技术和基于手机定位的采集技术3大类。

(1)基于GPS定位的采集技术

GPS是一个能够实现全方位、实时定位和导航的卫星系统,在交通领域已得到越来越广泛的应用。基于GPS的交通信息采集技术是在车辆上配备GPS接收装置,以一定的采样间隔记录车辆的三维位置坐标(经度坐标、纬度坐标、高度坐标)和时间信息,这些信息传入计算机后与地理信息系统(Geographic Information System,GIS)的电子地图相结合,经过重叠分析可计算出行程时间和行程速度。

基于GPS定位的采集技术在车辆定位的精确性和实时性方面具有优势,广泛应用于车辆的定位、跟踪等方面。某个城市中出租车的GPS行驶轨迹图如图3-13所示。

(2)基于RFID的采集技术

RFID(Radio Frequency Identification)技术是一种利用无线射频原理实现非接触式自动识别的技术。利用安装在车辆上的射频标签存储相应的车辆信息,如车牌号、发动机ID、驾驶员ID等,射频标签分为有源标签和无源标签两种,通过读写器读取射频标签中的信息,实现对车辆的自动识别。然后天线接收由电子标签发出的车辆特征码信息,并将信息传输给计算机进行处理后可得到交通流量、空间平均速度、行程时间和车辆分类等信息,如图3-14所示。RFID技术广泛应用于智能交通中,如高速公路和停车场收费、货物自动跟踪和识别等。

图3-13　出租车GPS轨迹

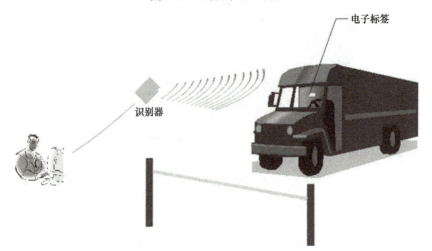

图3-14　RFID检测技术示意图

（3）基于手机定位的采集技术

基于手机定位的采集技术的基本原理是利用手机与基站之间的相互关系来确定手机位置坐标信息,并通过路径匹配估算出路段行程车速。这种采集技术与基于GPS的采集技术类似,只是得到位置坐标的原理不同。获取手机位置坐标信息的方法一般有两种。

1）测量手机移动台发射信号到达不同基站的时间差。

2）在手机内加装GPS定位芯片,通过卫星信号确定手机位置。还可以将GPS与手机蜂窝数据相结合,在GPS信号不好时采用蜂窝网络定位方法,提高了系统定位的可靠性。基于手机定位的采集技术充分利用移动通信网络广泛覆盖的优势,在大范围车辆交通信息采集方面具有广泛的应用前景。

3.2.3 综合交通信息服务平台

智能交通综合信息服务平台是以云计算平台为基础，应用物联网技术，结合智能交通信息服务业务参考模型构建技术，整合公路、道路运输、水路运输、港口、城市交通等交通板块的信息，并提供多种服务功能，形成一个为政府、行业监管部门、企业、公众、信息服务商等提供多赢的互动平台。

通过智能交通综合信息服务平台，能够提升交通运输系统的运行效率，提高交通政府部门的管理水平和服务能力，提高交通运输企业的运营效率和服务水平，为社会公众提供便捷、高效、畅达、安全、环保的交通运输服务和信息服务。通过应用平台，提高交通行业智能化水平，降低能耗，提升交通运输行业技术水平，优化产业结构，从而带动区域经济发展。

智能交通综合信息服务平台（见图3-15）应用物联网技术，对交通运行的静态信息和动态信息实时采集，通过整合视频、车船动态位置、地理信息系统等信息，并结合智能分析技术，实时监控交通行业的运行状况，及时优化交通运行，为各级政府、各行业主管部门、社会公众和企业提供及时的综合交通信息服务，主要包括公众出行信息服务、物流公共信息服务、安全监管与应急处置服务、交通运行综合信息服务、交通企业生产管理服务五大服务内容。将在以下几个方面获得效果。

1）能够对交通运力投放、交通线路开辟、路网建设、场站布点、港口分布以及其他交通基础设施的建设提供更加科学的决策依据，从宏观上优化交通基础投资，提高交通决策的科学性。

2）实现交通运行调度的智能化，优化交通运力的分布，降低能耗。

3）能够对公众出行，提供多层次的信息服务缓解交通压力，提供公众方便的出行服务，实现绿色出行。

4）能够为物流行业提供丰富的信息服务，为物流行业的各节点的快速匹配提供信息服务，提高物流运作效率，降低物流成本。

5）为企业生产提供信息服务，提高企业信息化程度和企业生产优化。

6）为政府的宏观决策提供依据，使宏观决策更加科学化。

7）实现预防为主的交通安全生产。

图3-15 智能交通综合信息服务平台

3.2.4 公交乘客信息服务平台

公交信息服务平台（见图3-16）是为乘客在出行前或出行中提供多种交通方式信息的综合交通信息系统。按照公交信息服务平台提供服务的空间环境不同，可分为出行前乘客信息系统和车内乘客信息系统。出行前乘客信息包括线路、运营计划、票价等信息，可支持乘客做出初步的出行计划。此外，还要为乘客提供实时的交通信息，包括车辆的到达时间、离开时间等。车内乘客信息系统为车内的乘客提供信息服务。乘客通过车上的显示和通信设备获得线路换乘、运营时间等相关信息。

目前我国很多城市开始建设公交信息服务系统，但是应用的系统不尽相同，如何实现不同系统之间数据的统一，需要建立一个公交信息服务系统的统一框架。这样，有利于公交信息服务系统与其他交通信息服务系统之间的信息共享，也有利于不同城市间信息服务系统之间的信息共享，出行者到新的城市也会得到同样的交通服务信息，有利于交通信息服务的推广。

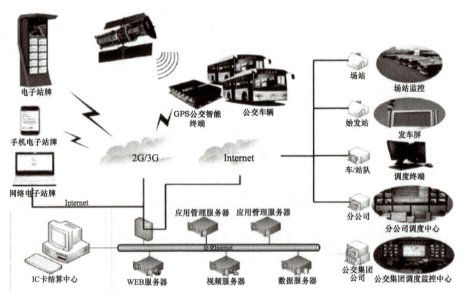

图3-16 公交乘客信息服务平台

与其他国家和地区的出行者相比，我国出行者具有与其相区别的特征，如出行方式、家庭结构、收入水平等，这些特征行为在对出行者的交通出行信息需求上具有复杂的影响。因此，不能照搬国外的公交信息服务平台的建设，需考虑我国实际情况，建设因地制宜的公交信息服务平台。

3.2.5 智能停车管理

随着居民汽车保有量的快速增加，城市停车位缺口巨大，"停车难"已是普遍的城市病。为了解决"停车难"问题，"智慧停车"应运而生，目的是打破驾车人和停车位之间的信息不对称、提高停车位利用率、降低人工管理成本、缓解交通拥堵。当前智慧停车的建设还存在着两类问题，一是路内停车场景里的车位信息无法便捷、高效地被采集和传输到管理平台；二是对于大量的停车场库，信息孤岛问题仍然存在，数据很难被共享。另外，当前停车场"孤岛"的数据很难被连接到城市级统一管理平台上，造成有平台、无数据，城市级诱导、共享车位等价值应用无法快速落地。常见的停车管理系统如图3-17所示。

第3章 NB-IoT的应用领域

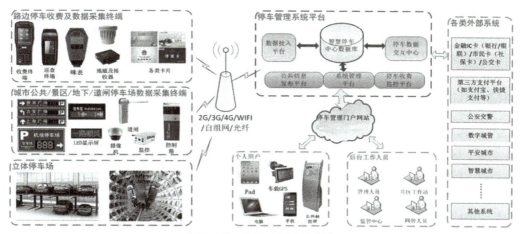

图3-17 智能停车管理系统

基于NB-IoT智能停车管理系统如图3-18所示。NB-IoT具备低功耗的特点,车检器待机时间长(3~5年待机),覆盖距离远(信号能覆盖到地下一层),是智慧停车解决方案网络通信技术的最佳选择。

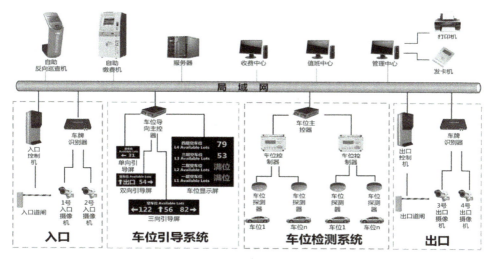

图3-18 NB-IoT智能停车管理系统

相比于RF,ZigBee等小无线技术,NB-IoT智慧停车解决方案利用运营商网络,具备如下优点。

免自建网:无线车检器等设备连接到电信运营商公网,通过"一跳"的方式将数据传到管理云平台,即插即用。

免自维护:相比于RF433/ZigBee等技术,NB-IoT方案无需中继网关,省去安装和后期维护的成本,网络的覆盖质量和优化由电信运营商负责。

可靠性高:NB-IoT使用授权频谱,不易受到其他设备的干扰,通信质量稳定可靠。场库停车已经有很多技术手段的落地应用,各有特色,目前的难题是通信网络覆盖问题。NB-IoT智慧停车解决方案帮助停车场运营方减少收费流失,是否停车、停车时长等信息得到了高效收集,有效堵住人工收费的漏洞;减少了找车位造成的交通拥堵,车主可实时看到停车位信息,车位紧张或者无车位时,可快速导流到其他停车位或者附近停车场;减少了管理人员,从管理员人工收费变成自助缴费,收费人员变成了督查人员,减少了整个人工的数量。

占道停车方便了车主停车,但不利于道路通行,超大城市的占道停车位置呈现减少的趋势。占道停车通常是采用人工收费、POS机收费、地磁车检器辅助收费等方式。

NB-IoT技术用于车检器,可以几年不用更换电池、网络覆盖到位、节省人工成本、减少道路拥堵、培养良好的停车习惯等。

3.2.6 交通诱导系统

交通诱导系统(Traffic Guidance System,TGS),或称交通流诱导系统、交通路线引导系统或车辆导航系统,是基于电子、计算机、网络和通信等现代技术,根据出行者的起点向道路使用者提供最优路径引导指令或是通过获得实时交通信息帮助道路使用者找到一条从出发点到目的地的最优路径。

这种系统的特点是把人、车、路综合起来考虑,通过诱导道路使用者的出行行为来改善路面交通系统,防止交通阻塞的发生,减少车辆在道路上的逗留时间,并且最终实现交通流在路网中各个路段上的合理分配。交通流诱导系统经历了从静态系统到动态系统的发展过程。

静态诱导系统研究始于20世纪70年代,使用记录交通状况的历史数据库或者地理信息系统(数字地图)进行路线引导。目前安装在高档汽车上的商用导航系统大多是静态的路径诱导系统,但在功能上和人机界面方面都显示了高科技的特征。为了能够将实时的交通状况反映到诱导系统中,在最优路径计算时使用随时间变化的动态出行费用而非静态出行费用,增加了时间变量,基于现代通信技术的动态路径诱导系统(Dynamic Route Guidance System,DRGS)应运而生。因此需要建立车辆与交通管理部门之间的通信联系,并由后者提供实时的交通信息。

动态交通诱导系统主要由以下3部分组成:

1)交通信息中心,这是动态诱导系统的核心。该系统中硬件系统是由计算机和各种通信设备组成,主要功能是从各种信息源获得实时交通信息并处理成用户需要的数据形式。

2)通信系统,负责完成车辆和交通信息中心的数据交换。信息中心通过通信系统向所有车辆不断发送实时交通状况数据,包括路段行程时间、交通事件以及其他相关数据。

3)车载诱导单元,车载诱导设备主要由计算机、通信设备和车辆定位设备组成。定位设备为GPS接收机或信标信号接收机及速度、方向传感器等其他定位设备。该模块的功能是接收、储存和处理交通信息,为驾驶人员提供良好的人机界面,方便驾驶人员输入信息和获得诱导指令。

3.3 智能抄表

3.3.1 智能抄表概述

智能抄表系统(Automatic Meter Reading System,AMRS),是一种不需要工作人员到达现场就可以进行抄录用户能耗的智能化能耗管理系统。近年来,无线远程智能抄表技术在国内外迅速发展。在美国、加拿大、日本和西欧等许多发达国家和地区，自动抄表系统早已实现并广泛应用了，尤其是对用户煤气表的自动抄录系统，已经有几十年的发展历史了。自动抄表系统的快速发展得益于80年代计算机技术、超大规模集成电路和通信技术等的快速发展，使得无线远程智能抄表技术在智能化、低功耗、低成本和通信标准化设计的品质要求下逐渐成型，如今无线远程智能抄表系统已达到可以大规模应用于用户的实用性阶段。

自动抄表技术对于管理部门实行用电、用水、用气的监控管理是非常必要和有益的，对于提高居民能耗管理部门的管理水平和经济效益无疑具有着十分重要的意义。智能抄表系统是能耗管理自动化的一个重要手段和组成部分，它的最终目的是自动、集中、定时地抄录各用户的用电量、用水量、用气量，按耗能的峰、平、谷时间来自动调整复费率去核算每个用户的能耗费用，最终自动完成向各用户费用结算、打印收据并通过银行转账结算。自动抄表技术为能耗管理部门提供了极其有效的能耗管理办法，并有助于提高能耗管理的现代化水平。

远程抄表技术主要是结合无线通信和有线网络来实现数据传输。近年来，无线通信技术发展势头迅猛，已经成为远程数据采集系统中解决监控点地域广、设备布局分散等问题的主流技术。目前国外无线远程抄表系统主要通过GPRS、CDMA等无线通信网络，向管理系统传送采集的水电气表等数据。而随着NB-IoT技术的发展，其超低功耗和远距离传输的特性，让越来越多的厂家认识到其在远程抄表系统中的应用前景，基于NB-IoT的新一代远程抄表设备不断涌现。

3.3.2 远程抄服务体系

典型的远程抄表系统主要包括：前端采集子系统、通信子系统、中心处理子系统，如图3-19所示。即由采集器顺序定时采集来自多路分线所连接的电表信号并进行数据处理、存储等，各采集器之间采用的连接方式是总线连接，数据通过无线逐级向上汇聚，一直到最后的管理系统计算机。

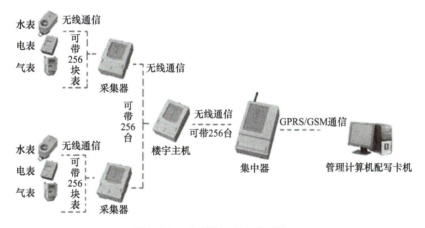

图3-19　典型的远程抄表系统

（1）前端采集子系统

采集各个基表所输出的数据，一般一个采集器可以采集多个基表。远程的数据采集系统可以由电子式电能表或加装了光电转换器的机电脉冲式电能表来构成系统的最前端，它们以电脉冲的形式把用户的耗能量传递给上一级数据采集装置。目前应用广泛的远程智能抄表系统大多采用两级式数据汇集结构，即由安装于用户生活小区单元的采集器收集十几到几十个基表的读数，由安装在配电变压器下的集中器负责定期从采集器读取数据。

（2）服务器（区域管理器）子系统

它的功能是用多机通信的方式采集数据采集器中的各个基表的数据，然后进行处理、存储等操作，并通过某通信总线与总控制室系统管理中心的计算机相连接，一个服务器可以连接多达几十个数据采集器。

（3）通信子系统

通信子系统的主要功能是把数据传送到控制中心的总线通道。为了符合成本要求并适应不同的环境条件，通信子系统的构成有多种方案。按照通信介质的不同来区分，通信子系统主要包括光纤传输、无线传输、电话线传输和低压电力线载波传输4种方案。

（4）管理中心子系统

管理中心子系统主要由系统管理软件和多媒体计算机组成，安装在物业管理中心，是整个能耗计量智能抄表系统的最上层，所有用户的能耗信息通过总线通道汇集到此处，管理人员利用软件对数据进行汇总、分析并作出相应决策。在硬件允许的情况下，还可以直接向下级的集中器以及电能表发出控制指令，从而对用户的能耗操作实施如停、送等远程操作的控制。由于各个基表要处理的数据量比较大，因此要求管理中心的硬件必须要有运算和存储的能力。软件方面则要求操作系统一定要稳定可靠，需要具有处理大量数据的能力。

3.3.3　智能水表

智能水表是一种利用现代微电子技术、现代传感技术、智能IC卡技术对用水量进行计量并进行用水数据传递及结算交易的新型水表。与传统的机械水表相比，智能水表不仅可以对水量进行记录和电子显示，还可以对水量进行定量控制，并可以通过IC卡进行数据传递和交易结算，使交易更方便，流量计算更准确。随着物联网技术的快速兴起，出现了大量与智能水表相关的新技术，如NB-IoT等窄带物联网无线通信技术，使远程传输和自动抄读系统技术不断推陈出新，推动了智能水表行业的快速发展。

我国水表行业经历了从机械水表到智能水表的演变，而智能水表也经历了从预付费智能水表（IC卡预付费表）到智能远传水表进而逐步进化到电子水表的演变。目前市面上常见的智能水表产品有电子远传水表、预付费IC卡水表、网络阀控水表、数控定量水表、可带数据远传与阀控功能的射流水表、超声水表、电磁水表等。

近几年，随着窄带物联网技术的发展，基于NB-IoT的抄表技术应运而生，可以实现使用水量的自动远程抄表，支持双向通信，可实时开关阀，实时点抄，表端正常处于低功耗模式，当集中器下发抄表命令后，指定地址的水表唤醒，进行抄表，完毕后继续进入低功耗，有效地降低了表端功耗。NB-IoT远程传输水表如图3-20所示。

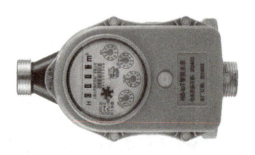

图3-20　NB-IoT远程传输水表

智能水表的信息（水存量、开关阀状态、电池状态等）显示可通过液晶模块来完成，如图3-21所示。同时，为了尽量满足低功耗的要求，平时可让液晶处于休眠状态，用插卡唤醒的方式使其显示。

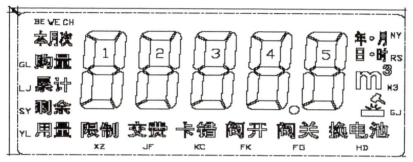

图3-21　水表显示图

3.3.4　智能电表

电能表的发展历程可以分为感应式（机械式）电能表、普通电子式（多功能）电能表和智能电子式电能表3个阶段。20世纪60年代以前，电能表基本上采用电气机械原理，其中应用最多的是感应式电能表；20世纪70年代起，人们开始研究并试验采用仿真电子电路的方案，到了80年代，大量新型电子元器件的相继出现，为仿真电子式电能表的更新奠定了基础。而在中国，2005年之前国内使用的电能表主要是传统的感应式电能表；从2005年开始电子式电能表的销量首次超过了感应式电能表。智能电表是一种新型的电子式电能表，它由测量单元、数据处理单元等组成，具有电能量计量、信息储存及处理、实时监测、自动控制、信息交互等功能。相对普通电表，除具备基本的计量功能外，智能电表带有硬件时钟和完备的通信接口，支持双向计量、自动采集、阶梯电价、分时电价、冻结、控制、监测等功能，具有高可靠性、高安全等级以及大存储量等特点，可以为实现分步式电源计量、双向互动服务、智能家居、智能小区等奠定基础。

智能电表是智能电网数据采集的重要基础设备，对于电网实现信息化、自动化、互动化具有重要支撑作用，承担着原始电能数据采集、计量和传输的任务，是实现信息集成、分析优化和信息展现的基础。智能电表的广泛应用能够提高电力企业的经营效率、促进节能减排，增强电力系统的稳定性。

当前，智能电表从结构来分可分为全电子式和机电一体式。机电一体式，即在原机械式电度表上附加一定的部件，使其既完成所需功能，又降低造价，且易于安装，一般而言其设计方案是在不破坏现行计量表的原有物理结构，不改变其国家计量标准的基础上加装传感装置变成在机械计度的同时亦有电脉冲输出的智能表，使电子记数与机械记数同步，其计量精度一般不低于机械计度式计量表。这种设计方案采用原有感应式表的成熟技术，多用于老表改造。

全电子式则从计量到数据处理都采用以集成电路为核心的电子器件，取消了电表上长期使用的机械部件，与机电一体化电度表相比体积减小，可靠性增加，更加精确，耗电减少，并且生产工艺大大改善，最终会取代带有机械部件的计量表。

从抄表方式来划分，智能电度表有电力载波式、RS485总线传输式、Wi-Fi传输式以及NB-IoT远传抄表式，如图3-22所示。电力载波表，通过电线连到采集器，采集器通过GPRS上传读数到远抄服务器，电网居民可上网查看自己家每天的用电量。大型建筑里常用的是走RS485总线联网的智能电表，通过RS485总线连上采集器，采集器再转换成TCP/IP接网线直接上远抄服务器。Wi-Fi电表一般多用于青年公寓，白领公寓，酒店式公寓，这种电表直接联上公寓里的Wi-Fi上远抄服务器，当然还有GPRS电表，这种都使用在智能电表使用量不大的情况下。这种使用量直接可以网上买电表自己装上，再通过APP就能直接使用。未来真正的物联网智能电表，NB-IoT电表，是华为与运营商正在主推的产品，是智能电表通过NB-IoT网络直接连远抄服务器。

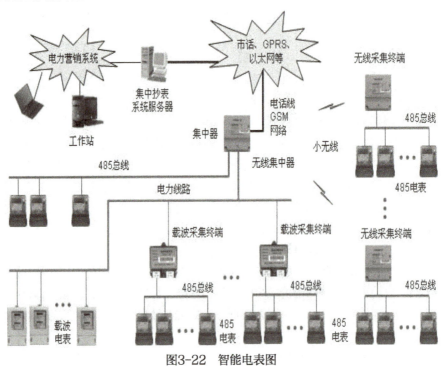

图3-22　智能电表图

3.3.5　智能燃气表

燃气计量表最先叫煤气表，湿式燃气计量表发明于1815年，它是由英国工程师塞缪尔·克莱格和塞缪尔·科思莱兄弟共同协作研制出来的。1833年，詹姆斯·博格达斯发明了干式燃气计量表，现在的膜式燃气表就是在此基础上不断完善和发展起来的，至今已经经过了170多年的发展历程。

早期的膜式燃气表的工作原理为限位式，即燃气表计量室在往复运动一个循环的过程中，在极限位置时要触碰到限制点后才改变运动方向，以保证燃气表排出的气体的体积为一个固定的回转体积值。计量精度依赖于零件制造和装配微调，计量精度不高，分散性较大。随着膜式燃气表技术的不断发展和进步，目前较先进的膜式燃气表基本采用非限位式结构设计，使计量室在往复运动一个循环的过程中自由切换，降低了压力损失和运行噪音。部分先进的燃气表还融入了误差调节系统装置，减小了不同流量下误差特性曲线的分散性，使膜式燃气表的误差特性曲线更加平滑，扩大了仪表的量程比。

随着电子技术、信息技术的发展，膜式燃气表也由最先的纯机械式计量仪表逐渐进行扩展，加装了带辅助功能的电子装置，实现了智能化控制，如预付费装置、远传直读控制装置、无线带控制装置等，其应用也越来越普及。现阶段，燃气表开始大量使用GPRS通信来实现远程抄表，一周抄一次，一年资费约6元人民币。目前自动抄表成本高于人工成本，因功耗、信号覆盖和电池寿命的问题，迫切需要NB-IoT技术来解决现实的问题。

使用NB-IoT技术的智能燃气表方案（见图3-23）采用无线网络数据传输技术，利用NB-IoT无线网络对家庭和工商业用户的燃气使用状况进行实时采集和远程监控，完成数据的集中存储和统一管理，实现对表具的远程维护和远程控制。

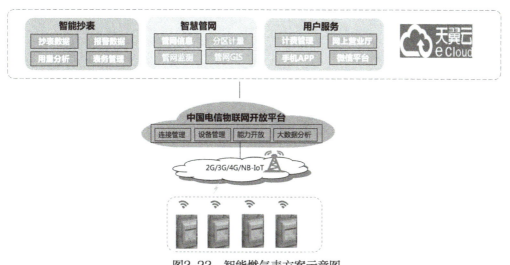

图3-23　智能燃气表方案示意图

NB-IoT智能燃气表一般在传统膜式燃气表的基础上加装NB无线远传通信装置，通过无线网络完成与中心管理平台之间的数据交互。无线远传通信装置具有流量计数据实时采集监控、报警和数据直接远传到后台等功能，可以连接有修正仪或无修正仪的罗茨表和涡轮表。采集参数包括工况压力、温度、瞬时工况流量、瞬时标况流量、累计工况流量、累计标况流量、修正系数、剩余电量以及采样时间等。这种全自动的抄表方式取代了传统的人工抄表方式，极大地提高了工作效率，降低了人力资源成本，同时为管理、统计、分析能源使用情况提供依据，使管理更科学、更高效。

3.3.6　智能热量表

随着我国供热体制的改革，智能热量表已越来越多地用于供暖和采暖收费。智能热量表是一种采用智能卡技术的热量计量仪表，它由流量传感器、温度传感器、阀门及其控制单元、IC卡操作系统以及积分仪处理单元等组成。流量传感器用来测量流经换热系统的热水流量大小。温度传感器一般有两个，分别测量进水温度和回水温度。智能IC卡操作系统根据流量传感器和温度传感器提供的流量和温度数据，通过热力学公式可计算出用户从热交换系统获得的热量，显示记录输出，并根据用户付费情况控制阀门的开闭。同时通过智能卡进行数据传递，即可完成供热系统的预付费管理。

智能热量表用于以水为媒体的热（冷）量计时，显示屏可显示累计热量、累计流量、瞬时流量、供水温度、回水温度、温差、工作时间、当前日期等信息。主要用于居民住宅和公共建筑采暖热耗量的计量。这种智能热量表适应国家推行供热体制改革的要求，实行采暖分户计量收费。

IC卡热量表简单来讲就是在普通机械表上加装预付费的装置，实现刷卡用热的目的。现在大部分地区新安装的热量表基本上都是以超声波热量表为主。这种热量表不但可以解决上门抄表难、收费难的问题，而且由于采用的是超声波计量原理，计量更准确，还具有冷热双向计量的特点。当表内预购的热量不足时，可以提前报警，提醒用户进行充值缴费，当热量完全用完时，热量表内置的阀门就会自动闭合，直至重新缴费刷卡才可使用。这样不但可以让用户随时掌握自家用热的量和剩余的热量，而且可以杜绝热用户恶意不缴费的问题。这款热量表可以通过管理部门的后台软件进行热量监管，实时监测热量使用情况，实现科学用热管理，很大程度上减少了能源的浪费。

3.4 智能穿戴设备

3.4.1 智能穿戴设备概述

智能穿戴设备是应用穿戴式技术对日常穿戴进行智能化设计、开发出可以穿戴的设备的总称，如智能手表、智能手环、智能眼镜、智能服饰等，如图3-24所示。穿戴式智能设备拥有多年的发展历史，思想和雏形在20世纪60年代出现，具备可穿戴式智能设备形态的设备于70～80年代出现。随着计算机标准化软硬件以及互联网技术的高速发展，可穿戴式智能设备的形态开始变得多样化，逐渐在工业、医疗、军事、教育、娱乐等诸多领域表现出重要的研究价值和应用潜力。

穿戴式智能设备时代的来临意味着人的智能化延伸，通过这些设备，人可以更好地感知外部与自身的信息，能够在计算机、网络甚至其他人的辅助下更为高效率地处理信息，能够实现更为无缝的交流。

广义的智能穿戴设备包括功能全、尺寸大、可不依赖智能手机实现完整或者部分功能（如智能手表或智能眼镜等）的设备，以及只专注于某一类应用功能，需要和其他设备（如智能手机）配合使用（各类进行体征监测的智能手环、智能首饰等）的设备，如图3-24所示。随着技术的进步和用户需求的变迁，可穿戴式智能设备的形态与应用热点也在不断变化。

近年来，穿戴式技术在国际计算机学术界和工业界一直都备受关注，但由于造价成本高和技术复杂，很多相关设备仅仅停留在概念领域。随着移动互联网的发展、技术进步和高性能低功耗处理芯片的推出等，部分穿戴式设备已经从概念化走向商用化，新式穿戴式设备不断传出，Google（谷歌）、Apple（苹果）、Sony（索尼）等诸多科技公司也都开始在这个全新的领域深入探索。

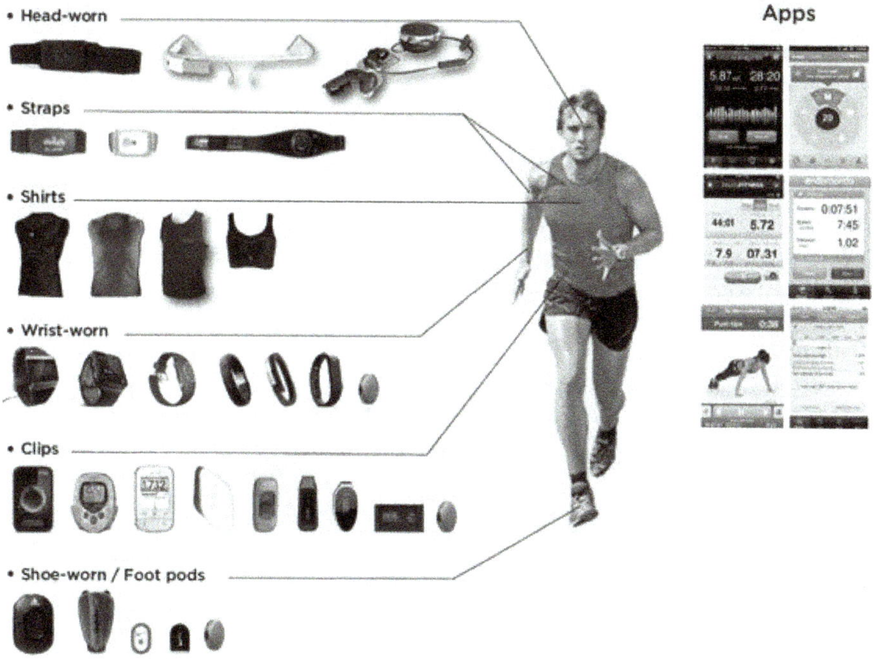

图3-24　各类穿戴式设备

在学术科研层面，美国麻省理工学院、卡耐基梅隆大学、日本东京大学的工程学院以及韩国科学技术院等研究机构均有专门的实验室或研究组专注于可穿戴智能设备的研究，拥有多项创新性的专利与技术。而中国学者也在20世纪90年代后期开展可穿戴智能设备研究。

3.4.2　智能穿戴设备类型

近年来，可穿戴技术的发展突飞猛进，逐渐成为数码领域的流行产品，运动手环、智能手表、虚拟现实显示器、科技服装，都是极具前景的可穿戴产品类型。

1. 智能手表

智能手表是逐渐流行的一种可穿戴产品，如图3-25和图3-26所示，其优势在于手表的设计形态是人们非常容易接受的，可穿戴性非常好。其次，智能手表是一种突出第二屏体验的设备，旨在让人们不必掏出手机即可查看消息、通知，使用一些简单的应用程序，部分机型也具有运动、心率追踪的功能，突出全面的应用体验。

图3-25　新型智能手表

图3-26　智能手表真机图

智能手表的不足是多功能性及屏幕设计，导致续航力不够理想。试想一下，手机已经需要每天充电，现在又多了一款手表需要"照顾"，这不免令人心烦。如果智能手表能够解决电池问题，像普通手表一样，那么其使用体验将更加完美。

2. 运动追踪器

运动追踪设备的形态是非常多样化的，包括运动手环、GPS手表、心率胸带等，如图3-27和图3-28所示。这些设备通常内置了加速度、心率、GPS等多种传感器，主要提供运动监测功能，并通过软件算法将其转换为热量数据。其中，GPS手表价格较为昂贵，支持专业防水、GPS定位、多种运动模式等，相对来说更加专业。

图3-27　智能手环

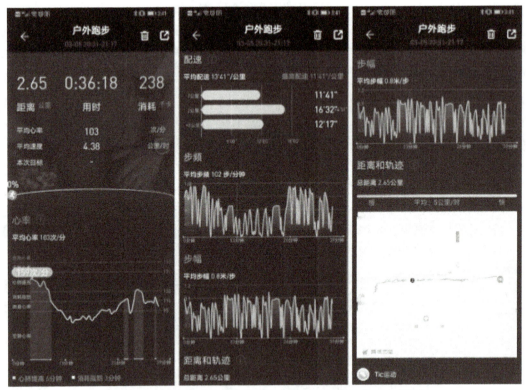

图3-28　智能手环在跑步运动的应用（可以记录心率、速度等）

3. 智能眼镜类和头戴显示器

第一款智能眼镜是由谷歌公司于2012年4月发布的一款"虚拟现实"眼镜（Google Project Glass），镜片上配备了一个头戴式微型显示屏，它具有和智能手机一样的功能，可以通过声音控制拍照、视频通话和辨明方向,以及上网冲浪、处理文字信息和电子邮件等,如图3-29所示。

图3-29　第一款智能眼镜(Google Glass)

　　Google Project Glass的主要结构包括,在眼镜前方悬置的一台摄像头和一个位于镜框右侧的宽条状的计算机处理器装置,配备的摄像头像素为500万,可拍摄720p的视频。镜片上配备了一个头戴式微型显示屏,它可以将数据投射到用户右眼上方的小屏幕上。显示效果如同2.4m外的25英寸高清屏幕。虽然第一代谷歌眼镜已经下架,但是仍然不能忽略它所带来的影响。

　　几年后,微软发布了一款令人惊叹的虚拟现实设备Microsoft HoloLens,佩戴者可以身临其境地感受和控制虚拟图像,在旧金山就能与北京总部进行实景会议,甚至能在自己的屋子里近距离观摩火山喷发。整个Hololens眼镜相当于一台小型计算机,CPU和GPU都有,还有几个摄像头和传感器,更配有虚拟图像处理器HPU,如图3-30所示。

图3-30　Microsoft HoloLens

　　基于虚拟现实、增强现实技术的头戴型显示器,也属于可穿戴产品的范畴。目前,包括Oculus、索尼、HTC、三星、微软等厂商均有涉足该领域,提供虚拟或增强现实娱乐体验。各种头戴型显示器通过向眼睛发送光学信号,可以实现虚拟现实(VR)、增强现实(AR)、混合现实(MR)等不同效果。它们在某种程度上可以代替电视,并实现更有意思的电子娱乐形式。目前已经在游戏、电影等娱乐行业开展了大规模的应用。新的应用行业如教育、医疗、军事训练等也逐渐出现了相关的应用,并产生了不错的效果。

4. 智能服装

　　目前,智能服装(见图3-31)基本上采用了两种设计形式,一种是通过集成肌电图、心电图传感器织物,监测用户的身体状态,实现更加具体的运动监测效果。不过,目前的瓶颈是仍需要一个外部传输装置传输数据,在各种智能服装中可以看到一个略显累赘的外部连接装置。另外一种智能服装,则是突出情感表达、社交体验,例如,一些设计师设计的造型夸张、内置LED灯或是使用可随环境变化材质的服装,目前实穿性略低,但并不排除未来会在某些场合下发挥作用。

图3-31 智能服装与APP相连

5. 智能饰品

珠宝、饰品也已经科技化,可能是项链吊坠、戒指、手镯等形式,主要功能则是通过闪烁提醒用户查看手机通知,或是通过集成传感器实现一些身体及情绪状况的监测。智能饰品目前主要针对女性市场,设计上相比其他可穿戴产品更精致漂亮,还拥有采用贵重金属的限量款式,更多是注重美观性,而不是功能。一些新款的智能首饰(如图3-32所示的智能耳坠)自带应用程序,不同于微信等各种社交平台,个性化定制的APP专属于佩戴者和她的亲密朋友,这个私密空间能够带来一种新的交流方式。在应用程序中,能够进行视频、语音、发送文字图片,表达对彼此的想念。并且该程序智能加密解锁,不用担心"腻人"的情话等私密信息被别人瞧了去。在紧急情况下,这些智能饰品还能充当报警器。当只身一人走夜路回家时,若出现异常情况,只需按住特定按钮便能够向亲人朋友发出带有位置信息的警报。

图3-32 智能耳坠

6. 植入型设备

植入型设备也是可穿戴技术的一种方向，分为非侵入植入和侵入植入。非侵入植入包括数字纹身，比如摩托罗拉的电子纹身可以解锁手机等设备；侵入性设备则主要应用在医疗领域，如智能药物、传感器等，可以植入皮下、脑部等，实现身体监测以及一些医学治疗应用。这些产品目前不能随便在市场中买到，即便是在医疗领域，大部分也尚属临床试验阶段，人们尚需时间来完善它们。

3.4.3 智能穿戴设备需求分析

近年来IT行业发展迅速，新技术层出不穷，让智能穿戴有了厚实的基础。在电池电量方面有这些解决方式：1）新型电池的研发。例如，石墨烯电池和高效率太阳能电池的研发等2）充电方式的改变。采用无线充电，电磁场感应充电以及闪冲技术等。在芯片方面，Intel推出了仅有SD卡大小的芯片Edison等。在软件方面，谷歌发布了智能穿戴设备系统套件Android wear以及各大厂家深度定制的系统等，除了这些提到的方面，还有许多方面存在问题，不过每出现一个问题再用成熟的解决方案解决，那么这个新生的行业又会突破现有状况更近一步。而在当下的一些新技术，如柔面屏技术、虚拟屏幕显示技术、指纹识别技术等或许会是智能穿戴设备上的突破点。

纵观目前的智能穿戴领域，有很大一部分都与医疗或者健康有关，这或许又是其中的一个突破口。虽然智能穿戴设备上配有大量传感器，但依靠现有的技术所收集到的数据并不够准确，它没有得到官方的认可，因此仅仅只有参考作用。如果传感器的技术能够达到现代医学设备的水平，那么就可以将智能穿戴设备接入医院的数据中心并发挥作用，这才是迈出的一大步。

智能和便捷是符合人类使用习惯的发展趋势，智能穿戴设备真正将人体作为大数据时代的入口，人体在智能网络的辅助下也能更好地感知和接受信息，就像已经非常流行的计算机、手机一样，智能穿戴设备必定是未来发展的趋势。但在目前根据智能手机和智能穿戴设备的销量数据对比可以看出，消费者对于智能穿戴设备有一定的兴趣但是对于其本身仍然抱着观望的态度，即智能穿戴设备可有可无。虽说消费者的反响并不强烈，但销量仍在上涨，并且各大厂商对于智能穿戴很有热情，竞相推出各种类型的产品来吸引消费者。现在还不能对未来做出过多的推测，不过就目前来看形势一片大好。

3.5 智慧物流

3.5.1 智慧物流概述

"智慧物流"（Intelligent Logistics System，ILS）最先由IBM提出，是通过感应器、RFID标签、制动器、GPS和其他设备及系统生成实时信息的"智慧供应链"概念。智慧物流是一种以信息技术为支撑，在物流各个功能环节实现系统感知，通过全面分析、及时处理及自我调整，实现物流规整智慧、发现智慧、创新智慧和系统智慧的现代综合性物流系统，如

图3-33所示。即在流通过程中获取信息从而分析信息做出决策，使商品从源头开始被实施跟踪与管理，实现信息流快于实物流。可通过RFID、传感器、移动通信技术等让配送货物自动化、信息化和网络化。

图3-33　智慧物流示意图

3.5.2　智慧物流的特征

（1）智能化

智慧物流最典型的特征就是智能化，智能化是物流行业发展的必然趋势，它贯穿于物流活动的全过程，随着信息技术、自动化技术以及人工智能技术的发展，智慧物流的智能化程度将不断提高。美国最大电商集团亚马逊公司使用的无人送货飞机Amazon PrimeAir，能运输载重在2.5kg以内的货物，高度将控制在120m之下，其内置的ASense and Avoid系统能够自动躲避障碍，如图3-34所示。此外，Prime Air还支持高程度的自动化技术，能够将货物送往16km（10英里）外甚至更远的距离。

图3-34　亚马逊公司的无人送货飞机Amazon PrimeAir

（2）柔性化

柔性化体现的是物流企业会随着客户需求的不断变化，提供相适应的物流服务，与此同时，要为客户提供便利、快捷、可靠的个性化服务。随着物流企业的增多，竞争压力增强，物流企业必须"以顾客为中心",才能在众多企业中脱颖而出,因此,在今后的物流发展中,个性化的服务将越来越受到客户青睐,如果没有智慧物流系统,柔性化的目的是不可能实现的。

(3)一体化

一体化体现的是在智慧物流活动过程中,要实现物流活动的整体性和系统性。其以智慧物流管理为核心,将物流过程中的运输、存储、流通加工、装卸搬运等各个环节连接起来,集合成一体化系统,以最低的物流成本提供给客户最满意的物流服务,如图3-35所示。

图3-35 物流一体化示意图

(4)社会化

《2016-2020年中国智慧物流行业深度调研及投资前景预测报告》中指出,随着国际化的物流设施、全球化的物流技术以及全面的物流服务的出现,物流活动范围不再那么局限,在不同国家之间可以自由发展,为了更好地实现货物在国际上的流动,一个社会化的智慧物流体系正在逐渐形成并不断完善中。

3.5.3 冷链物流

冷链物流属于物流产业的分支,又称低温物流或冷链,是为了保持新鲜食品和冷冻食品的品质。具备物流行业的仓储、运输、配送和流通的功能。是其在从生产到消费的过程中,始终处于低温状态的,配有专门设备的物流网络。

冷链物流的适用范围:

初级农产品:部分蔬菜、水果、肉、禽、蛋、鱼、海鲜;花卉等产品; 经加工食品:经过加工的禽、肉、水产品;包装熟食、冰淇淋、奶制品、快餐原料等。

特殊商品:药品和疫苗。

由于以上冷链是以保证易腐食品品质为目的,以保持低温环境为核心要求的供应链系统,所以它比一般常温物流系统的要求更高、更复杂,建设投资也要大很多,是一个十分庞大的系统工程。由于易腐食品的时效性,冷链各环节需要具有更高的协调性,所以,食品冷链的运作始终是和能耗成本相关联的,有效控制运作成本与食品冷链的发展密切相关。

冷链物流的特点:

1)协调性。易腐的生鲜产品不易储存,因此需要桥接,冷链物流的要求必须是高效运行的同时,每个环节必须在物流过程中有一个协调,以保证连锁的稳定性。

2)复杂性。冷链物流必须遵循3T原则,即冷链中贮藏和流通时间(Time)、温度

（Temperature）和产品耐藏性（Tolerance）决定产品的最终质量。温度变化和时间影响冷藏物品的质量，根据不同产品的保存温度，产品都有相应的温度控制和存储的时间。冷链物流的复杂性大大增强，因此，冷链物流是一个庞大的系统工程。

3）高成本性。高成本性主要体现在易腐生鲜产品在流通各环节中始终处于规定的低温条件下，需要安装温控设备，或者使用冷藏车或低温仓库。为了进一步提高物流运作效率，必须采用先进的信息系统。以上这些都决定了冷链物流的成本要比其他物流成本高。

3.5.4 智能集装箱

所谓的"智能集装箱"是将集装箱的内外部使用多个RFID产品，诸如传感器封条，通过这些产品来收集集装箱的信息，并通过智能化系统传输到数据中心，以备工作人员及时了解货物的方位、状态和安全状况。

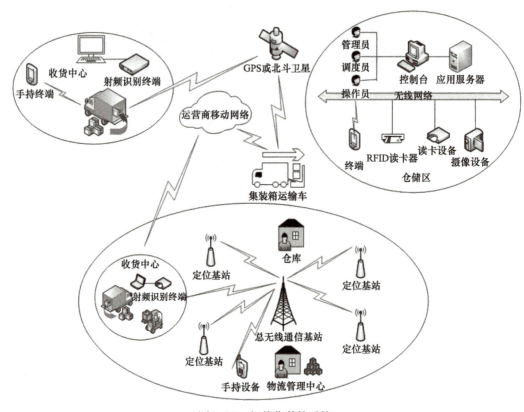

图3-36 智能集装箱系统

近年来，世界上越来越多的货物要靠集装箱来运输，在美国，差不多一半的进口货物采用集装箱运输。海运运输的比重逐渐增大，运输供应链的发展，迫使货物运输更加安全和可控制。所以世界各国也纷纷投入资金研发智能管理技术，使集装箱管理更加智能化。智能集装箱系统如图3-36所示。

上海洋山深水港四期自动化码头是全球最大的智能集装箱码头。忙碌而井然有序的码头上，一批穿梭不停地智能"搬运工"格外引人注目，这就是自动引导运输车，也被称为AGV小车。工程师将AGV小车比作"快递小哥"，它配有智能控制系统，可以根据实时交通状况提供最优路线，遇到运行路线拥堵，系统便会重新规划路线。除了无人驾驶、自动导航、路径优化、主动避障外,AGV小车还能自主诊断故障、监控电量,是工作、生活能够自理的"优秀员工"。

AGV小车可以全天候不间断作业,并且能耗很低,粮食是"电"。为了提高"用餐"效率,AGV小车采用整体换电方式,电量不足时,车队管理系统将调度AGV小车自行到换电站换电。换电站犹如一个"自助餐厅",整个换电过程为全自动作业,一台AGV小车更换电池只需6min,大容量锂电池可以让AGV小车在满电后持续运行8小时。

3.5.5 贵重物品跟踪

近些年来,随着全球电子商务的快速崛起,越来越多的用户选择了网上交易。网上交易的物品大部分都是通过第三方快递等物流运输企业来协助运输完成。但是从近些年来对国内当前货运业存在的问题进行调查分析的结果来看,消费者委托运输的贵重物品在运输过程中丢失情况严重,致使消费者的受损金额越来越大。物流公司常常承担运输贵重物品的任务,而这些贵重物品的丢失将会造成他们巨额的损失。物流公司使用传统的GPS定位技术跟踪贵重物品,可以减小物品丢失的几率。但在高架桥下或城市建筑物密集等复杂地理环境中,卫星信号容易丢失,且在物品运输的过程中,贵重物品放在货车的金属集装箱内或者存放在室内,GPS技术也无法获得卫星定位信号,难以实现对贵重物品的有效跟踪定位。同时,在物流公司监控系统的传统解决方案中,GPS车载定位业务是以GSM或CDMA移动网络短消息作为通信媒介的,定位和报警信息是通过手机短信的方式发送到终端用户的,因而不便于物流公司对整个系统进行实时监控、查询和管理。

为满足物流公司跟踪定位贵重物品的迫切需要,利用NB-IoT的优质特性,对于通过集装箱运输、冷链运输等一些贵重物品运输的情况,通过NB-IoT系统传递GPS、北斗等定位信息,可以实现大范围内实时跟踪人、货物的位置和状态,有助于对突发事件作出及时的反应。

本章详细介绍了在智慧城市、智慧交通、智能抄表、智能穿戴设备以及智慧物流方面的相关传统技术,并以此介绍了NB-IoT技术在各自领域中的应用,使读者对NB-IoT技术的应用情况和发展水平有一个整体的认识。同时,也为读者之后的研究提供了样本。

1)简述智慧城市的概念及特征。
2)基于文中相关知识,形成NB-IoT在智慧交通中应用的技术报告。
3)分析NB-IoT在智能抄表系统的概念及优势。
4)简述智能穿戴设备的类型。
5)结合相关知识,分析目前市面上的智慧物流系统的痛点以及NB-IoT应用的优越性。

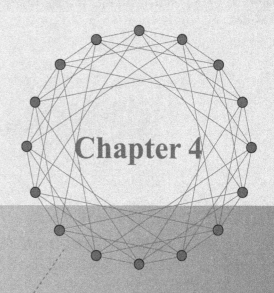

Chapter 4

第4章
NB-IoT实验设备研究与使用

本章概述

本章主要介绍NB-IoT物联网套件各个模块的硬件资源、使用说明及各种运行模式,同时介绍物联网开发环境的搭建,通过实验的方式,读者会对NB-IoT物联网套件和设备接口有一个全面的了解。

学习目标

- 认识NB-IoT的物联网套件。
- 认识物联网设备基本接口。
- 认识传感器接口。
- 具备开阔、灵活的思维能力。
- 具备积极、主动的探索精神。
- 具备严谨、细致的工作态度。

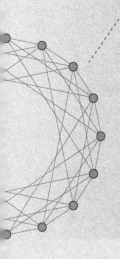

4.1 NB-IoT物联网套件

4.1.1 NB-IoT系列无线节点

通过企业一线技术人员对NB-IoT实验设备的研究，为实验箱配设无线节点来实现无线通信。结合企业项目开发实际和从社会需求来看，要适应传统网络与新兴网络的不同场景，一般会用到GPS、GPRS、LoRa、NB-IoT等无线通信方式。因此实验箱应该提供NB-IoT、GPRS、LoRa、GPS四种类型的模组支持，且每个节点根据所选无线模组不同，可支持不同的无线通信技术。

4.1.2 NB-IoT系列无线模组

（1）NB-IoT模组

频段信息：

BC95-B8：900MHz。

BC95-B5：850MHz。

BC95-B20：800MHz。

BC95-B28：700MHz。

数据传输：Single Tone：上行：15.625kbit/s；下行：24kbit/s。

　　　　　Mult Tone*：上行：62.5kbit/s；下行：24kbit/s。

协议栈：IPv4、UDP、CoAP。

下载方式：UART。

功耗：5uA @省电模式；6mA @空闲模式。

供电电压：3.1V～4.2V，典型值3.6V。

温度范围：−40～85℃。

外形尺寸：19.9mm×23.6mm×2.2mm，LCC 封装。

指令：3GPP Rel.13以及Quectel增强型AT命令。

（2）GPRS模组

M26模块是全球最小的四频LCC封装GSM/GPRS模块，尺寸仅为15.8mm×14.7mm×2.3mm，最大限度地满足终端产品对小尺寸模块产品的需求，凭借超小的尺寸，超低功耗和超宽工作温度范围，是M2M应用的理想解决方案，适用于车载、可穿戴设备、工业级PDA、个人跟踪、无线POS、智能计量及其他M2M的应用，为其提供完善的数据传输等服务。

（3）LoRa模组

UM402模块是高度集成的低功耗半双工小功率无线数据传输模块，嵌入高速低功耗单片机和高性能扩频射频芯片，创新性的采用高效循环交织纠检错编码，抗干扰性和灵敏度都有巨大提高。UM402模块提供了多个频道可供选择，支持在线修改串口速率、收发频率、发射功率、射频速率等各种参数。

（4）GPS/BD模组

GPS/BeiDou模块是一个完整的卫星定位接收设备，具备全方位功能，能满足行业定位的严格要求。体积小巧，可以装置在汽车内部任何位置，低功耗，能适应个人用户的需要。

4.1.3 NB-IoT无线节点硬件资源

NB-IoT实验箱的硬件资源如图4-1所示，主要资源已经在图中标注，包括LoRa模块、GPS模块、NB-IoT模块、GPRS模块、LCD显示屏、STM32主控芯片、串口、下载口等。

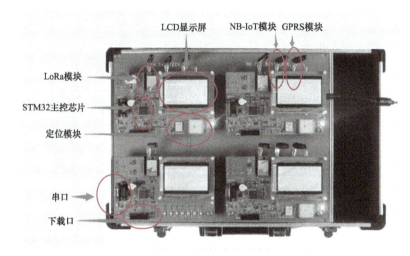

图4-1　NB-IoT实验箱硬件资源图

NB-IoT实验箱包含4个子系统，分别是PDA系统，环境监测系统，智能锁系统以及智慧停车系统，如图4-2所示。

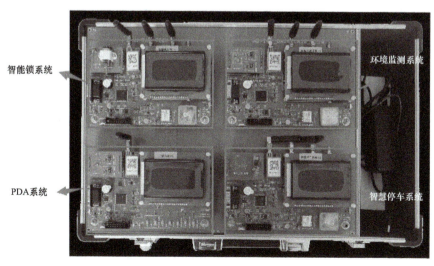

图4-2　NB-IoT实验箱子系统示意图

注：4个子系统的位置可以调换。

4.1.4 NB-IoT物联网开发环境搭建

本章以及后续5、6章的实验,使用的开发环境为IAR7.40版本。实验使用的芯片为STM32F103,开发环境的搭建、IAR安装过程如下。

1)IAR安装包的获取。

从官方网站下载IAR for ARM 7.40.5版本安装软件。

2)双击EWARM-CD-7405-9739.exe文件,弹出界面如图4-3所示,单击第二个选项开始安装。

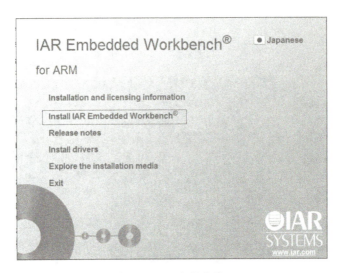

图4-3 IAR安装步骤2

3)如果跳出系统提示是否允许未知应用对计算机进行更改,单击"是"按钮,一直单击"Next"按钮,直到出现选择安装目录,如图4-4和图4-5所示。

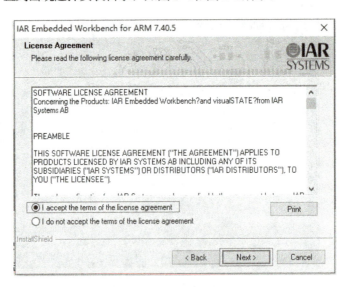

图4-4 IAR安装步骤3.1

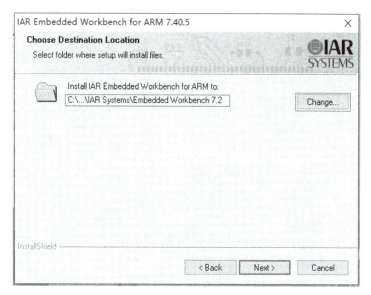

图4-5　IAR安装步骤3.2

4）可以选择默认路径，也可以更改安装路径，单击"Change"按钮，这里更改安装目录为"E:\install"，选好安装路径后单击"Next"按钮，如图4-6所示。

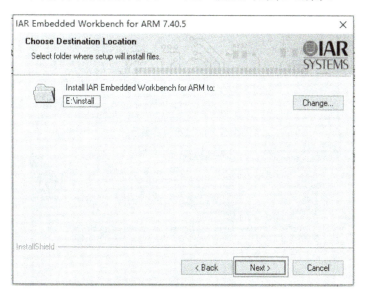

图4-6　IAR安装步骤4

5）出现如图4-7所示的界面，保持默认设置，单击"Next"按钮，然后出现如图4-8所示的界面后，也单击"Next"按钮。

6）出现如图4-9所示的界面后，单击"Install"按钮正式开始安装，安装过程中的界面如图4-10所示，通常安装需要几分钟的时间，请耐心等候。

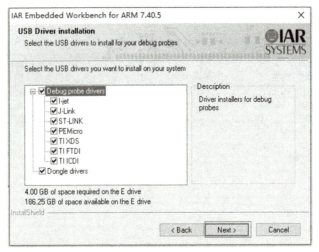

图4-7　IAR安装步骤5.1

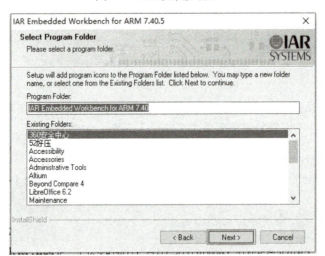

图4-8　IAR安装步骤5.2

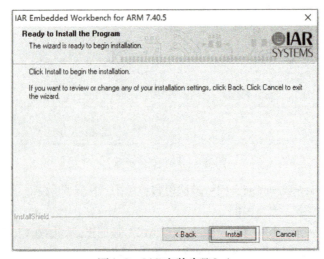

图4-9　IAR安装步骤6.1

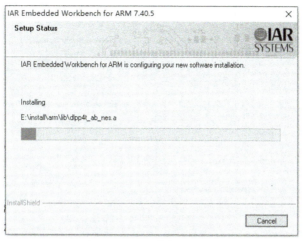

图4-10　IAR安装步骤6.2

7）出现提示安装驱动，单击"是"按钮，如图4-11所示。

图4-11　IAR安装步骤7

8）弹出安装完成界面，单击"Finish"按钮，如图4-12所示。

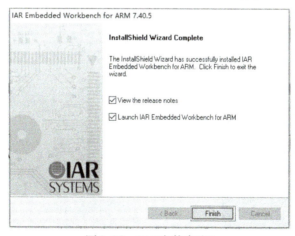

图4-12　IAR安装步骤8

9）IAR会被打开，浏览器会显示发布信息，可以关掉，然后会跳出一些驱动的安装界面，如图4-13～图4-15所示，单击"I Agree"按钮、"下一步"按钮、"Next"按钮等，进行驱动的安装。

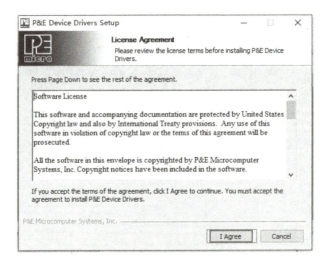

图4-13　IAR安装步骤9.1

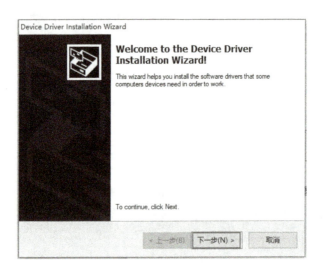

图4-14　IAR安装步骤9.2

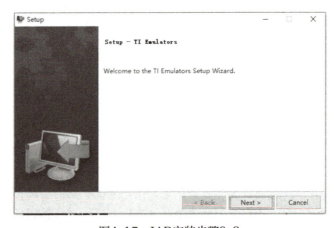

图4-15　IAR安装步骤9.3

10）驱动安装，出现安装目录可以选择默认，也可以选择安装目录，然后单击"Next"按钮，很快就能安装完成，如图4-13和图4-14所示。其后续步骤如图4-16~图4-20所示。

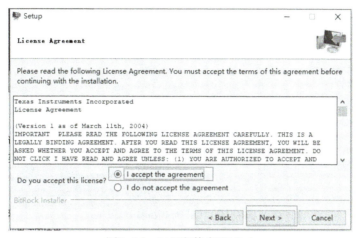

图4-16　IAR安装步骤10.1

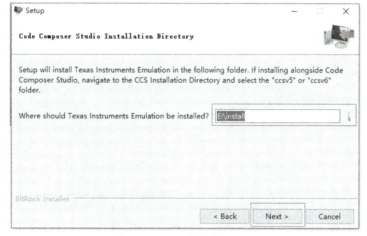

图4-17　IAR安装步骤10.2

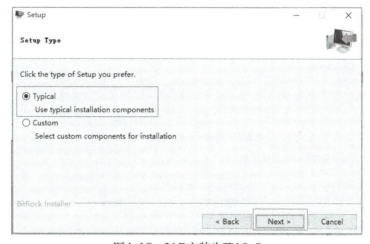

图4-18　IAR安装步骤10.3

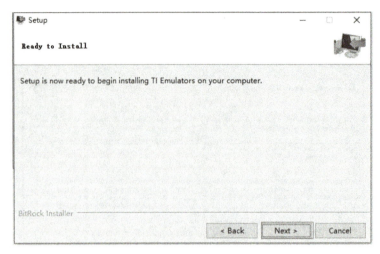

图4-19　IAR安装步骤10.4

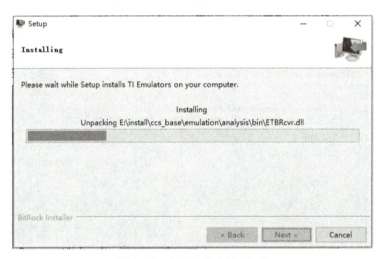

图4-20　IAR安装步骤10.5

安装完成后单击"Finish"按钮。

11）之前还跳出来一个提示框，如图4-21所示，单击"Yes"按钮，然后开始提取库文件，如图4-22所示，安装完成后单击"Finish"按钮，至此，安装步骤全部完成。

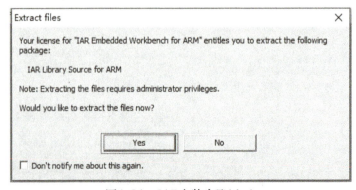

图4-21　IAR安装步骤11.1

图4-22 IAR安装步骤11.2

4.2 NB-IoT物联网套件基本接口

4.2.1 基本接口介绍

STM32是一个微控制器产品系列的总称，目前这个系列中已经包含了多个子系列，分别是STM32小容量产品、STM32中容量产品、STM32大容量产品和STM32互联型产品；按照功能上的划分，又可分为STM32F101xx、STM32F102xx和STM32F103xx等系列。通常在芯片选型的初期，首先要评估该产品是否能够满足设计上的功能需求；在基本选定所需产品后，需要查看技术参考手册以确定各功能模块的工作模式是否符合要求；在确定选型进入编程设计阶段时，需要详细阅读技术参考手册获知各项功能的具体实现方式和寄存器的配置使用。在设计硬件时还需参考数据手册以获得电压、电流、管脚分配、驱动能力等信息。

STM32系列产品命名规则如图4-23所示。

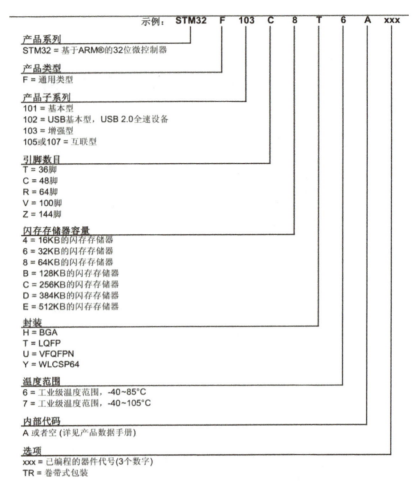

图4-23　STM32产品命名规则图

4.2.2 控制LED实验

实验目的

* 了解和掌握如何控制STM32的GPIO。
* 通过STM32控制板实现LED的闪烁实验。
* 知识点掌握：1）通过GPIO口驱动LED。
　　　　　　　2）实现LED灯的闪烁（灯的亮灭、延时）。

实验环境

* STM32实验板、ARM JLINK仿真器、PC以及5V电源。
* 软件：Windows 7/Windows XP，IAR集成环境。

实验原理

控制LED的原理图如图4-24所示。

发光二极管的核心部分是p型半导体和n型半导体组成的晶片，在p型半导体和n型半导体之间有一个过渡层，称为p-n结。在某些半导体材料的p-n结中，注入的少数载流子与多数载流子复合时会把多余的能量以光的形式释放出来，从而把电能直接转换为光能。实验箱的

BLUE灯和RED灯的控制原理图如图4-24所示，采用的是高电平的触发方式。

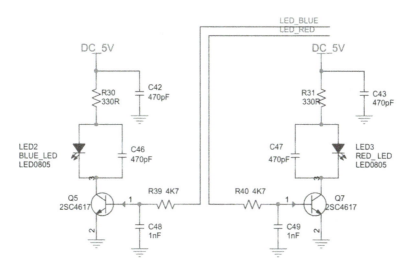

图4-24　控制LED原理图

BLUE灯连接到了GPIO的PA6口；

RED灯连接到了GPIO的PA7口；

在使用STM32进行编程时，主要使用库函数来进行编程，在了解固件库之前首先要对重要寄存器进行了解，读者学习固件库，并不需要记住每个寄存器的作用，而需要通过了解寄存器来对外设的一些功能有大致的了解。

在固件库中，GPIO端口操作对应的库函数以及相关定义在文件stm32f10x_gpio.h和stm32f10x_gpio.c中。

STM32的IO口相比51而言要复杂得多，所以使用起来也困难很多。STM32的IO口可以由软件配置成如下8种模式。

1）输入浮空。

2）输入上拉。

3）输入下拉。

4）模拟输入。

5）开漏输出。

6）推挽输出。

7）推挽式复用功能。

8）开漏复用功能。

STM32的每个IO端口都有7个寄存器来控制。分别是配置模式的2个32位的端口配置寄存器CRL和CRH；2个32位的数据寄存器IDR和ODR；1个32位的置位/复位寄存器BSRR；一个16位的复位寄存器BRR；1个32位的锁存寄存器LCKR。这里仅介绍常用的几个寄存器，常用的IO端口寄存器只有4个，CRL、CRH、IDR、ODR。

STM32 IO口的8种配置模式见表4-1。

表4-1　STM32 IO口模式配置表

配置模式		CNF1	CNF0	MODE1	MODE0	PxODR寄存器
通用输出	推挽式（Pull-Pull）	0	0	01		0或1
	开漏（Open-Drain）	0	1	10		0或1
复用功能输出	推挽式（Pull-Pull）	1	0	11		不使用
	开漏（Open-Drain）	1	1			不使用
输入	模拟输入	0	0	00		不使用
	浮空输入	0	1			不使用
	下拉输入	1	0			0
	上拉输入	1	0			1

STM32输出速度配置见表4-2。

表4-2　STM32输出速度配置表

MODE[1:0]	意义
00	保留
01	最大输出速度为10MHz
10	最大输出速度为2MHz
11	最大输出速度为50MHz

接下来介绍端口配置低寄存器CRL，其各位的描述如图4-25及表4-3所示。

31	30	29	28	27	26	25	24	23	22	21	20	19	18	17	16
CNF7[1:0]		MODE7[1:0]		CNF6[1:0]		MODE6[1:0]		CNF5[1:0]		MODE5[1:0]		CNF4[1:0]		MODE4[1:0]	
rw	rw	rw	rw	rw	rw	rw	rw	rw	rw	rw	rw	rw	rw	rw	rw
15	14	13	12	11	10	9	8	7	6	5	4	3	2	1	0
CNF3[1:0]		MODE3[1:0]		CNF2[1:0]		MODE2[1:0]		CNF1[1:0]		MODE1[1:0]		CNF0[1:0]		MODE0[1:0]	
rw	rw	rw	rw	rw	rw	rw	rw	rw	rw	rw	rw	rw	rw	rw	rw

图4-25　端口配置低寄存器CRL

表4-3　端口配置低寄存器CRL各位描述

位31:30 27:26 23:22 19:18 15:14 11:10 7:6 3:2	CNFy[1:0]：端口x配置位（y=0…7）（Port x configuration bits） 软件通过这些位配置相应的I/O端口 在输入模式（MODE[1:0]=00）： 00：模拟输入模式 01：浮空输入模式（复位后的状态） 10：上拉/下拉输入模式 11：保留 在输出模式（MODE[1:0]>00）： 00：通用推挽输出模式 01：通用开漏输出模式 10：复用功能推挽输出模式 11：复用功能开漏输出模式
位29:28 25:24 21:20 17:16 13:12 9:8、5:4 1:0	MODEy[1:0]：端口x的模式位（y=0…7）（Port x mode bits） 软件通过这些位配置相应的I/O端口，请参考表17端口位配置表。 00：输入模式（复位后的状态） 01：输出模式，最大速度10MHz 10：输出模式，最大速度2MHz 11：输出模式，最大速度50MHz

IDR是一个端口输入数据寄存器，只用了低16位。该寄存器为只读寄存器，并且只能以16位的形式读出。该寄存器描述如图4-26及表4-4所示。

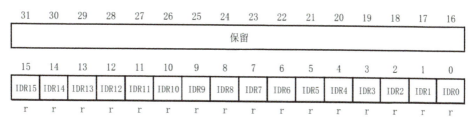

图4-26 端口输入数据寄存器IDR

表4-4 端口输入数据寄存器IDR各位描述

位31:16	保留，始终读为0
位15:0	IDRy[15:0]：端口输入数据（y = 0…15）（Port input data） 这些位为只读并只能以字（16位）的形式读出。读出的值为对应I/O口的状态

ODR是一个端口输出数据寄存器，也只用了低16位。该寄存器为可读可写，从该寄存器读出的数据可用于判断当前IO口的输出状态。向该寄存器写数据，可以控制某个IO口的输出电平。该寄存器的各位描述如图4-27及表4-5所示。

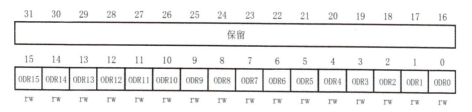

图4-27 端口输出数据寄存器ODR

表4-5 端口输出数据寄存器ODR各位描述

位31:16	保留，始终读为0
位15:0	ODRy[15:0]：端口输出数据（y = 0…15）（Port output data） 这些位可读可写并只能以字（16位）的形式操作 注：对GPIOx_BSRR（x = A…E），可以分别地对各个ODR位进行独立的设置/清除

由于本次实验主要使用固件库开发，GPIO相关的函数和定义分布在固件库文件stm32f10x_gpio.c和头文件stm32f10x_gpio.h文件中。

在固件库开发中，操作寄存器CRH和CRL来配置IO口的模式和速度是通过GPIO初始化函数完成的：

void GPIO_Init(GPIO_TypeDef* GPIOx, GPIO_InitTypeDef* GPIO_InitStruct);

这个函数有两个参数，第一个参数是用来指定GPIO，取值范围为GPIOA～GPIOG。第二个参数为初始化参数结构体指针，结构体类型为GPIO_InitTypeDef，结构体如下。

typedef struct
{

```
uint16_t GPIO_Pin;
GPIOSpeed_TypeDef GPIO_Speed;
GPIOMode_TypeDef GPIO_Mode;
}GPIO_InitTypeDef
```
通过初始化结构体初始化GPIO的常用格式是：
```
GPIO_InitTypeDef GPIO_InitStructure;
GPIO_InitStructure.GPIO_Pin = GPIO_Pin_6| GPIO_Pin_7;    // 端口配置
GPIO_InitStructure.GPIO_Mode = GPIO_Mode_Out_PP;         //推挽输出
GPIO_InitStructure.GPIO_Speed = GPIO_Speed_50MHz;        //速度 50MHz
GPIO_Init(GPIOA, &GPIO_InitStructure);                   //根据设定参数配置 GPIO
```
将LED灯设置为推挽输出，速度50MHZ，对应的LED灯IO口初始化。

在STM32固件库中，对LED灯的控制是通过BSRR和BRR寄存器设置实现的。GPIO端口输出是通过函数GPIO_SetBits()和函数GPIO_ResetBits()来完成的。
```
void GPIO_SetBits(GPIO_TypeDef* GPIOx, uint16_t GPIO_Pin);
void GPIO_ResetBits(GPIO_TypeDef* GPIOx, uint16_t GPIO_Pin);
```
在多数情况下，都是采用这两个函数来设置GPIO端口的输入和输出状态。比如要设置GPIOA6的输出为1，方法为：
```
GPIO_SetBits(GPIOA, GPIO_Pin_6);
```
反之如果要设置GPIOA6输出为0，方法为：
```
GPIO_ResetBits (GPIOA, GPIO_Pin_6);
```
接下来介绍LED灯闪烁实验的具体代码。

实验内容

通过实验原理可知，本次实验的主要内容是配置STM32的GPIO口，GPIO口配置成功后给它赋值，添加延时函数，实现LED灯的闪烁功能。

打开led.c文件，配置LED的引脚和端口（增加移植性）。
```
#define D1_GPIO_PIN    GPIO_Pin_6
#define D2_GPIO_PIN    GPIO_Pin_7
#define D1_GPIO_PORT   GPIOA
#define D2_GPIO_PORT   GPIOA
#define D1_GPIO_RCC    RCC_APB2Periph_GPIOA
#define D2_GPIO_RCC    RCC_APB2Periph_GPIOA
```
1）LED的初始化配置。
```
void leds_init(void)
{
    GPIO_InitTypeDef GPIO_InitStructure;

    /* 初始化GPIO时钟 */
    RCC_APB2PeriphClockCmd(D1_GPIO_RCC | D2_GPIO_RCC, ENABLE);

    /* 设置LED的引脚为推挽输出 */
    GPIO_InitStructure.GPIO_Pin = D1_GPIO_PIN;
    GPIO_InitStructure.GPIO_Speed = GPIO_Speed_50MHz;
```

```
  GPIO_InitStructure.GPIO_Mode = GPIO_Mode_Out_PP;
  GPIO_Init(D1_GPIO_PORT, &GPIO_InitStructure);

  GPIO_InitStructure.GPIO_Pin = D2_GPIO_PIN;
  GPIO_InitStructure.GPIO_Speed = GPIO_Speed_50MHz;
  GPIO_InitStructure.GPIO_Mode = GPIO_Mode_Out_PP;
  GPIO_Init(D2_GPIO_PORT, &GPIO_InitStructure);

  //D1和D2默认关闭
  D1_off();
  D2_off();
}
```

2）LED的点亮函数。

```
void D1_on(void)
{
  GPIO_SetBits(D1_GPIO_PORT, D1_GPIO_PIN);
}
```

3）LED的熄灭函数。

```
void D1_off(void)
{
  GPIO_ResetBits(D1_GPIO_PORT, D1_GPIO_PIN);
}
```

4）LED的取反函数。

```
void D1_toggle(void)
{
GPIO_WriteBit(D1_GPIO_PORT,D1_GPIO_PIN ,
!GPIO_ReadOutputDataBit(D1_GPIO_PORT, D1_GPIO_PIN));
}
```

5）打开main.c文件，配置主函数。

```
void main(void)
{
  delay_init(72);              //系统延时初始化，72为芯片的主频，单位为MHz
  leds_init();                 //led初始化
  while(1)
  {
    D1_toggle();               //LED蓝 状态取反
    D2_toggle();               //LED红 状态取反
delay_s(1);                    //延迟
  }
}
```

实验步骤

1）正确连接JLINK仿真器到PC和STM32开发板，将传感器正确连接到NB-IoT开发板上。Micro-USB线/串口线一端连接程序下载调试板的对应接口，另一端连接PC。

2）用IAR开发环境打开实验例程：Project→Rebuild All重新编译工程。

3）将连接好的硬件平台通电，然后将J-Flash ARM仿真软件与开发板进行软连接。接下来选择Project→Download and debug命令将程序下载到STM32开发板中。

4）下载完后可以选择Debug→Go命令使程序全速运行，也可以将STM32开发板重新上电或者按下复位按钮让刚才下载的程序重新运行。

5）观察实验板LED灯的现象。

实验现象

BLUE_LED与RED_LED不停地闪烁。

4.2.3 控制蜂鸣器

实验目的

* 了解和掌握如何控制STM32的蜂鸣器。
* 通过STM32控制板实现蜂鸣器的控制实验。
* 知识点掌握：1）驱动蜂鸣器的方式（IO口通过三极管扩流后驱动）。
  2）实现蜂鸣器发出滴滴声（蜂鸣器的开启、关闭、延时）。

实验环境

* STM32实验板、ARM JLINK仿真器、PC以及5V电源。
* 软件：Windows 7/Windows XP，IAR集成环境。

实验原理

蜂鸣器是一种一体化结构的电子讯响器，采用直流电压供电，广泛应用于计算机、打印机、复印机、报警器、电子玩具、汽车电子设备、电话机、定时器等电子产品中作发声器件。蜂鸣器主要分为压电式蜂鸣器和电磁式蜂鸣器两种类型。

开发板板载的蜂鸣器是电磁式的有源蜂鸣器，如图4-28所示。

这里的有源不是指电源的"源"，而是指有没有自带震荡电路，有源蜂鸣器自带了震荡电路，一通电就会发声；无源蜂鸣器没有自带震荡电路，必须外部提供2~5kHz左右的方波驱动，才能发声。

图4-28 有源蜂鸣器

STM32的单个IO口最大可以提供25mA电流，而蜂鸣器的驱动电流是30mA左右，两者十分相近，但是全盘考虑，STM32整个芯片的电流，最大为150mA，如果用IO口直接驱动蜂鸣器，其他地方的用电就会受到限制因此，此处通过三极管扩流后再驱动蜂鸣器，STM32的IO口只需要提供不到1mA的电流。蜂鸣器的原理如图4-29所示。

本实验将要实现的是控制STM32开发板上的蜂鸣器发出："嘀…嘀…"的间隔声，进一步熟悉STM32IO口的使用。

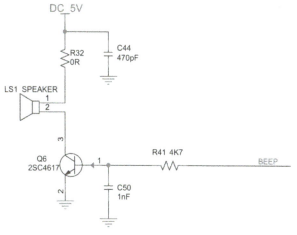

图4-29　蜂鸣器原理图

实验内容

本实验的原理与上一实验相同，开发板上的蜂鸣器接的是GPIOC4口，要对其进行初始化，初始化函数和LED初始化类似。

蜂鸣器的反转函数如下：
```
void Beep_toggle(void)
{
    GPIO_WriteBit(GPIOC, GPIO_Pin_4, (BitAction)!GPIO_ReadOutputDataBit(GPIOC, GPIO_Pin_4));
}
```

主函数如下：
```
void main(void)
{
    delay_init(72);                 //滴答定时器初始化
    BeepGPIOInit();                 //蜂鸣器初始化
    for(;;)
    {
        Beep_toggle();              //改变蜂鸣器状态
        delay_s(1);                 //延迟1s
    }
}
```

在改变蜂鸣器的状态后加上1s的延迟，可以使蜂鸣器有"滴"的顿挫感。

实验步骤

1）正确连接JLINK仿真器到PC和STM32开发板，将传感器正确连接到NB-IoT开发板上。Micro-USB线/串口线一端连接程序下载调试板对应接口，另一端连接PC。

2）用IAR开发环境打开实验例程：Project→RebuildAll重新编译工程。

3）将连接好的硬件平台通电，然后将J-Flash ARM仿真软件与开发板进行软连接。接下来选择Project→Download and debug命令将程序下载到STM32开发板中。

4）下载完后可以选择Debug→Go命令使程序全速运行，也可以将STM32开发板重新上电或者按下复位按钮让刚才下载的程序重新运行。

5）听蜂鸣器的声音。

实验现象

蜂鸣器发出"滴""滴"的声音。

4.2.4 定时器中断

实验目的

* 了解和掌握STM32定时器的种类和使用。
* 通过STM32控制板实现定时器控制LED灯的闪烁。
* 知识点掌握：1）了解STM32的时钟系统。

　　　　　　　2）了解定时器的种类及工作模式。

　　　　　　　3）了解STM32的中断，学会中断配置和中断函数编写。

实验环境

* STM32实验板、ARM JLINK仿真器、PC以及5V电源。
* 软件：Windows 7/Windows XP，IAR集成环境。

实验原理

STM32中一共有11个定时器，其中2个高级控制定时器，4个普通定时器和2个基本定时器，以及2个看门狗定时器和1个系统嘀嗒定时器，系统嘀嗒定时器就是SysTick。

STM32的每个通用定时器都是完全独立的，没有互相共享任何资源。

STM3F1的通用TIMx（TIM2、TIM3、TIM4和TIM5）定时器功能包括：

1）16位向上、向下、向上/向下自动装载计数器（TIMx_CNT）。

2）16位可编程（可以实时修改）预分频器（TIMx_PSC），计数器时钟频率的分频系数为1~65535之间的任意数值。

3）4个独立通道（TIMx_CH1~4），这些通道可以用来作为：

a）输入捕获。

b）输出比较。

c）PWM生成（边缘或中间对齐模式）。

d）单脉冲模式输出。

4）可使用外部信号（TIMx_ETR）控制定时器和定时器互连（可以用1个定时器控制另外一个定时器）的同步电路。

5）如下事件发生时产生中断/DMA：

a）更新：计数器向上溢出/向下溢出，计数器初始化（通过软件或者内部/外部触发）；

b）触发事件（计数器启动、停止、初始化或者由内部/外部触发计数）。

c）输入捕获。

d）输出比较。

e）支持针对定位的增量（正交）编码器和霍尔传感器电路。

f）触发输入作为外部时钟或者按周期的电流管理。

由于STM32通用定时器比较复杂，这里不再多介绍。为了深入了解STM32的通用寄存器，下面先介绍一下与本实验密切相关的几个通用定时器的寄存器。

首先是控制寄存器1（TIMx_CR1），该寄存器的各位描述如图4-30及表4-6所示。

15	14	13	12	11	10	9	8	7	6	5	4	3	2	1	0
保留						CKD[1:0]		ARPE	CMS[1:0]		DIR	OPM	URS	UDIS	CEN
						rw	rw	rw	rw	rw	rw	rw	rw	rw	rw

图4-30　TIMx_CR1控制寄存器

表4-6　TIMx_CR1控制寄存器描述

位15:10	保留，始终读为0。
位9:8	CKD[1:0]：时钟分频因子（Clock division） 这2位定义在定时器时钟（CK_INT）频率、死区时间和由死区发生器与数字滤波器（ETR，TIx）所用的采样时钟之间的分频比例 00：tDTS=tCK_INT 01：tDTS=2xtCK_INT 10：tDTS=4xtCK_INT 11：保留，不要使用这个配置
位7	ARPE：自动重装载预装载允许位（Auto-reload preload enable） 0：TIMx_ARR寄存器没有缓冲 1：TIMx_ARR寄存器被装入缓冲器
位6:5	CMS[1:0]：选择中央对齐模式（Center-aligned mode selection） 00：边沿对齐模式。计数器依据方向位（DIR）向上或向下计数 01：中央对齐模式1。计数器交替地向上和向下计数。配置为输出的通道（TIMx_CCMRx寄存器中CCxS=00）的输出比较中断标志位，只在计数器向下计数时被设置 10：中央对齐模式2。计数器交替地向上和向下计数。配置为输出的通道（TIMx_CCMRx寄存器中CCxS=00）的输出比较中断标志位，只在计数器向上计数时被设置 11：中央对齐模式3。计数器交替地向上和向下计数。配置为输出的通道（TIMx_CCMRx寄存器中CCxS=00）的输出比较中断标志位，在计数器向上和向下计数时均被设置 注：在计数器开启时（CEN=1），不允许从边沿对齐模式转换到中央对齐模式
位4	DIR：方向（Direction） 0：计数器向上计数 1：计数器向下计数 注：当计数器配置为中央对齐模式或编码器模式时，该位为只读
位3	OPM：单脉冲模式（One pulse mode） 0：在发生更新事件时，计数器不停止 1：在发生下一次更新事件（清除CEN位）时，计数器停止
位2	URS：更新请求源（Update request source） 软件通过该位选择UEV事件的源 0：如果使能了更新中断或DMA请求，则下述任一事件产生更新中断或DMA请求： -计数器溢出/下溢 -设置UG位 -从模式控制器产生的更新 1：如果使能了更新中断或DMA请求，则只有计数器溢出/下溢才产生更新中断或DMA请求
位1	UDIS：禁止更新（Update disable） 软件通过该位允许/禁止UEV事件的产生 0：允许UEV。更新（UEV）事件由下述任一事件产生： -计数器溢出/下溢 -设置UG位 -从模式控制器产生的更新 具有缓存的寄存器被装入它们的预装载值（译注：更新影子寄存器） 1：禁止UEV。不产生更新事件，影子寄存器（ARR、PSC、CCRx）保持它们的值。如果设置了UG位或从模式控制器发出了一个硬件复位，则计数器和预分频器被重新初始化
位0	CEN：使能计数器（Counter enable） 0：禁止计数器 1：使能计数器 注：在软件设置了CEN位后，外部时钟、门控模式和编码器模式才能工作。触发模式可以自动地通过硬件设置CEN位

首先来看看TIMx_CR1的最低位，也就是计数器使能位，该位必须置1，才能让定时器开始计数。从第4位DIR可以看出默认的计数方式是向上计数，同时也可以向下计数，第5、6位是设置计数对齐方式的。从第8和第9位可以看出，还可以设置定时器的时钟分频因子为1、2、4。接下来介绍第二个与本实验密切相关的寄存器，DMA/中断使能寄存器（TIMx_DIER）。该寄存器是一个16位的寄存器，其各位的描述如图4-31及表4-7所示。

15	14	13	12	11	10	9	8	7	6	5	4	3	2	1	0
保留	TDE	COMDE	CC4DE	CC3DE	CC2DE	CC1DE	UDE	BIE	TIE	COMIE	CC4IE	CC3IE	CC2IE	CC1IE	UIE
	rw	rw	rw	rw	rw	rw	rw	rw	rw	rw	rw	rw	rw	rw	rw

图4-31　TIMx_DIER寄存器

表4-7　TIMx_DIER寄存器描述

位15	保留，始终读为0。
位14	TDE：允许触发DMA请求（Trigger DMA request enable） 0：禁止触发DMA请求 1：允许触发DMA请求
位13	COMDE：允许COM的DMA请求（COM DMA request enable） 0：禁止COM的DMA请求 1：允许COM的DMA请求
位12	CC4DE：允许捕获/比较4的DMA请求（Capture/Compare 4 DMA request enable） 0：禁止捕获/比较4的DMA请求 1：允许捕获/比较4的DMA请求
位11	CC3DE：允许捕获/比较3的DMA请求（Capture/Compare 3 DMA request enable） 0：禁止捕获/比较3的DMA请求 1：允许捕获/比较3的DMA请求
位10	CC2DE：允许捕获/比较2的DMA请求（Capture/Compare 2 DMA request enable） 0：禁止捕获/比较2的DMA请求 1：允许捕获/比较2的DMA请求
位9	CC1DE：允许捕获/比较1的DMA请求（Capture/Compare 1 DMA request enable） 0：禁止捕获/比较1的DMA请求 1：允许捕获/比较1的DMA请求
位8	UDE：允许更新的DMA请求（Update DMA request enable） 0：禁止更新的DMA请求 1：允许更新的DMA请求
位7	BIE：允许刹车中断（Break interrupt enable） 0：禁止刹车中断 1：允许刹车中断
位6	TIE：触发中断使能（Trigger interrupt enable） 0：禁止触发中断 1：使能触发中断
位5	COMIE：允许COM中断（COM interrupt enable） 0：禁止COM中断 1：允许COM中断
位4	CC4IE：允许捕获/比较4中断（Capture/Compare 4 interrupt enable） 0：禁止捕获/比较4中断 1：允许捕获/比较4中断
位3	CC3IE：允许捕获/比较3中断（Capture/Compare 3 interrupt enable） 0：禁止捕获/比较3中断 1：允许捕获/比较3中断

（续）

位2	CC2IE：允许捕获/比较2中断（Capture/Compare 2 interrupt enable） 0：禁止捕获/比较2中断 1：允许捕获/比较2中断
位1	CC1IE：允许捕获/比较1中断（Capture/Compare 1 interrupt enable） 0：禁止捕获/比较1中断 1：允许捕获/比较1中断
位0	UIE：允许更新中断（Update interrupt enable） 0：禁止更新中断 1：允许更新中断

第0位是更新中断允许位，本实验用到的是定时器的更新中断，所以该位要设置为1，允许由于更新事件所产生的中断。

接下来看第三个与本实验有关的寄存器，预分频寄存器（TIMx_PSC）。该寄存器使用设置对时钟进行分频，然后提供给计数器，作为计数器的时钟。该寄存器的各位描述如图4-32及表4-8所示。

15	14	13	12	11	10	9	8	7	6	5	4	3	2	1	0
							PSC[15:0]								
rw	rw	rw	rw	rw	rw	rw	rw	rw	rw	rw	rw	rw	rw	rw	rw

图4-32 TIMx_PSC寄存器

表4-8 TIMx_PSC寄存器各位描述

位15:0	PSC[15:0]：预分频器的值（Prescaler value） 计数器的时钟频率（CK_CNT）等于CK_PSC/（PSC[15:0]+1） PSC包含了每次当更新事件产生时，装入当前预分频器寄存器的值；更新事件包括计数器被TIM_EGR的UG位清'0'或被工作在复位模式的从控制器清'0'

这里，定时器的时钟来源有4个：

1）内部时钟（CK_INT）。

2）外部时钟模式1：外部输入脚（TIx）。

3）外部时钟模式2：外部触发输入（ETR）。

4）内部触发输入（ITRx）：使用A定时器作为B定时器的预分频器（A为B提供时钟）。

这些时钟，具体选择哪个可以通过TIMx_SMCR寄存器的相关位来设置。这里的CK_INT时钟是从APB1倍频得来的，除非APB1的时钟分频数设置为1，否则通用定时器TIMx的时钟是APB1时钟的2倍，当APB1的时钟不分频的时候，通用定时器TIMx的时钟就等于APB1的时钟。这里还要注意的就是高级定时器的时钟不是来自APB1，而是来自APB2。

这里顺带介绍一下TIMx_CNT寄存器，该寄存器是定时器的计数器，该寄存器存储了当前定时器的计数值。

接下来介绍自动重装载寄存器（TIMx_ARR），该寄存器在物理上实际对应着2个寄存器。一个是程序员可以直接操作的，另外一个是程序员看不到的，这个看不到的寄存器被叫作影子寄存器，事实上真正起作用的是影子寄存器。根据TIMx_CR1寄存器中APRE位的设置，APRE=0时，预装载寄存器的内容可以随时传送到影子寄存器，此时二者是连通的；而APRE=1时，在每一次更新事件（UEV）时，才把预装在寄存器的内容传送到影子寄存器。

自动重装载寄存器的各位描述如图4-33及表4-9所示。

15	14	13	12	11	10	9	8	7	6	5	4	3	2	1	0
							ARR[15:0]								
rw	rw	rw	rw	rw	rw	rw	rw	rw	rw	rw	rw	rw	rw	rw	rw

图4-33 TIMx_ARR寄存器

表4-9 TIMx_ARR寄存器各位描述

位15:0	ARR[15:0]：自动重装载的值（Prescaler value） ARR包含了将要装入实际的自动重装载寄存器的值 当自动重装载的值为空时，计数器不工作

最后，需要介绍的寄存器是状态寄存器（TIMx_SR）。该寄存器用来标记当前与定时器相关的各种事件/中断是否发生。该寄存器的各位描述如图4-34及表4-10所示。

15	14	13	12	11	10	9	8	7	6	5	4	3	2	1	0
保留			CC4OF	CC3OF	CC2OF	CC1OF	保留	BIF	TIF	COMIF	CC4IF	CC3IF	CC2IF	CC1IF	UIF
			rc w0	rc w0	rc w0	rc w0		rc w0	rc w0	rc w0	rc w0	rc w0	rc w0	rc w0	rc w0

图4-34 TIMx_SR寄存器

表4-10 TIMx_SR寄存器各位描述

位15:13	保留，始终读为0
位12	CC4OF：捕获/比较4重复捕获标记（Capture/Compare 4 overcapture flag） 参见CC1OF描述
位11	CC3OF：捕获/比较3重复捕获标记（Capture/Compare 3 overcapture flag） 参见CC1OF描述
位10	CC2OF：捕获/比较2重复捕获标记（Capture/Compare 2 overcapture flag） 参见CC1OF描述
位9	CC1OF：捕获/比较1重复捕获标记（Capture/Compare 1 overcapture flag） 仅当相应的通道被配置为输入捕获时，该标记可由硬件置1。写0可清除该位 0：无重复捕获产生 1：计数器的值被捕获到TIMx_CCR1寄存器时，CC1IF的状态已经为'1'
位8	保留，始终读为0
位7	BIF：刹车中断标记（Break interrupt flag） 一旦刹车输入有效，由硬件对该位置'1'。如果刹车输入无效，则该位可由软件清'0' 0：无刹车事件产生 1：刹车输入上检测到有效电平
位6	TIF：触发器中断标记（Trigger interrupt flag） 当发生触发事件（当从模式控制器处于除门控模式外的其他模式时，在TRGI输入端检测到有效边沿，或门控模式下的任一边沿）时由硬件对该位置'1'。它由软件清'0' 0：无触发器事件产生 1：触发中断等待响应
位5	COMIF：COM中断标记（COM interrupt flag） 一旦产生COM事件（当捕获/比较控制位：CCxE、CCxNE、OCxM已被更新）该位由硬件置'1' 它由软件清'0' 0：无COM事件产生 1：COM中断等待响应

（续）

位4	CC4IF：捕获/比较4中断标记（Capture/Compare 4 interrupt flag） 参考CC1IF描述	
位3	CC3IF：捕获/比较3中断标记（Capture/Compare 3 interrupt flag） 参考CC1IF描述	
位2	CC2IF：捕获/比较2中断标记（Capture/Compare 2 interrupt flag） 参考CC1IF描述	
位1	CC1IF：捕获/比较1中断标记（Capture/Compare 1 interrupt flag） 如果通道CC1配置为输出模式 当计数器值与比较值匹配时该位由硬件置1，但在中心对称模式下除外（参考TIMx_CR1寄存器的CMS位）。它由软件清'0' 0：无匹配发生 1：TIMx_CNT的值与TIMx_CCR1的值匹配 当TIMx_CCR1的内容大于TIMx_APR的内容时，在向上或向上/下计数模式时计数器溢出，或向下计数模式时的计数器下溢条件下，CC1IF位变 如果通道CC1配置为输入模式，（当捕获事件发生时该位由硬件置'1'，它由软件清'0'或通过读TIMx_CCR1清'0'。） 0：无输入捕获产生 1：计数器值已被捕获（复制）至TIMx_CCR1（在IC1上检测到与所选极性相同的边沿）	
位0	UIF：更新中断标记（Update interrupt flag） 当产生更新事件时该位由硬件置'1'。它由软件清'0' 0：无更新事件产生 1：更新中断等待响应。当寄存器被更新时该位由硬件置'1' -若TIMx_CR1寄存器的UDIS=0，当重复计数器数值上溢或下溢时（重复计数器为0时产生更新事件） -若TIMx_CR1寄存器的URS=0、UDIS=0，当设置TIMx_EGR寄存器的UG=1时产生更新事件，通过软件对计数器CNT重新初始化时 -若TIMx_CR1寄存器的URS=0、UDIS=0，当计数器CNT被触发事件重新初始化时。（参考13.4.3：TIM1和TIM8从模式控制寄存器（TIMx_SMCR））	

只要对以上几个寄存器进行简单的设置，就可以使用通用定时器了，并且可以产生中断。

本实验，将使用定时器产生中断，然后在中断服务函数里面翻转LED灯连接的IO口的电平，来指示定时器中断的产生。接下来，以通用定时器TIM3为实例，来说明要经过哪些步骤，才能达到这个要求，并产生中断。下面对每个步骤通过库函数的实现方式进行介绍，定时器相关的库函数主要集中在固件库文件stm32f10x_tim.h和stm32f10x_tim.c文件中。

1）TIM3时钟使能。

TIM3是挂载在APB1之下，所以通过APB1总线下的使能函数来使能TIM3。调用的函数如下。

RCC_APB1PeriphClockCmd(RCC_APB1Periph_TIM3, ENABLE); //时钟使能

2）初始化定时器参数，设置自动重装值，分频系数，计数方式等。

在库函数中，定时器的初始化参数是通过初始化函数TIM_TimeBaseInit实现的。

voidTIM_TimeBaseInit(TIM_TypeDef*TIMx,TIM_TimeBaseInitTypeDef* TIM_TimeBaseInitStruct);

第一个参数是确定是哪个定时器，第二个参数是定时器初始化参数结构体指针，结构体类型为TIM_TimeBaseInitTypeDef，结构体的定义如下。

typedef struct

```
{
uint16_t TIM_Prescaler;
uint16_t TIM_CounterMode;
uint16_t TIM_Period;
uint16_t TIM_ClockDivision;
uint8_t TIM_RepetitionCounter;
} TIM_TimeBaseInitTypeDef;
```

这个结构体一共有5个成员变量，对于通用定时器只使用前面4个参数，最后一个参数TIM_RepetitionCounter在高级定时器时使用。

第一个参数TIM_Prescaler是用来设置分频系数的。

第二个参数TIM_CounterMode是用来设置计数方式，可以设置为向上计数，向下计数方式，还有中央对齐计数方式，比较常用的是向上计数模式TIM_CounterMode_Up和向下计数模式TIM_CounterMode_Down。

第三个参数是用来设置自动重载计数周期值。

第四个参数是用来设置时钟分频因子。

3）设置TIM3_DIER允许更新中断。

因为要使用TIM3的更新中断，寄存器的相应位便需使能更新中断。在库函数里面定时器中断使能是通过TIM_ITConfig函数来实现的。

```
void TIM_ITConfig(TIM_TypeDef* TIMx, uint16_t TIM_IT, FunctionalState NewState);
```

第一个参数是选择定时器号，取值为TIM1~TIM17。

第二个参数非常关键，是用来指明使能的定时器中断的类型，定时器中断的类型有很多种，包括更新中断TIM_IT_Update，触发中断TIM_IT_Trigger，以及输入捕获中断等。

第三个参数选择是否使能。

例如，要使能TIM3的更新中断，格式为：

```
TIM_ITConfig(TIM3,TIM_IT_Update,ENABLE );
```

4）TIM3中断优先级设置。

在定时器中断使能之后，因为要产生中断，必不可少的是要设置NVIC相关寄存器，设置中断优先级。实验内容中有中断设置的相关代码。

5）允许TIM3工作，也就是使能TIM3。

在配置完后要开启定时器，通过TIM3_CR1的CEN位来设置。在固件库里面使能定时器是通过TIM_Cmd函数来实现的：

```
void TIM_Cmd(TIM_TypeDef* TIMx, FunctionalState NewState)
```

这个函数非常简单，使能定时器3的方法如下。

```
TIM_Cmd(TIM3, ENABLE);  //使能 TIMx 外设
```

6）编写中断服务函数。

在最后，还要编写定时器中断服务函数，通过该函数来处理定时器产生的相关中断。在中断产生后，通过状态寄存器的值来判断此次产生的中断属于什么类型。然后执行相关的操作，这里使用的是更新（溢出）中断，所以在状态寄存器SR的最低位。在处理完中断之后应该向TIM3_SR的最低位写0，来清除该中断标志。在固件库函数里面，用来读取中断状态寄存器

的值判断中断类型的函数如下。

ITStatus TIM_GetITStatus(TIM_TypeDef* TIMx, uint16_t)

该函数的作用是，判断定时器TIMx的中断类型TIM_IT是否发生中断。比如，要判断定时器3是否发生更新（溢出）中断，方法如下。

if (TIM_GetITStatus(TIM3, TIM_IT_Update) != RESET) {}

固件库中清除中断标志位的函数如下。

void TIM_ClearITPendingBit(TIM_TypeDef* TIMx, uint16_t TIM_IT)

该函数的作用是，清除定时器TIMx的中断TIM_IT标志位。使用起来非常简单，比如在TIM3的溢出中断发生后，要清除中断标志位，方法如下。

TIM_ClearITPendingBit(TIM3, TIM_IT_Update);

这里需要说明一下，固件库还提供了两个用来判断定时器状态以及清除定时器状态标志位的函数TIM_GetFlagStatus()和TIM_ClearFlag()，它们的作用和前面两个函数的作用类似。只是在TIM_GetITStatus()函数中会先判断这种中断是否使能，使能了才去判断中断标志位，而TIM_GetFlagStatus()直接用来判断状态标志位。

通过以上几个步骤，就可以来使用定时器的功能了，分别使用定时器来实现对应的硬件控制。

实验内容

本次实验使用通用定时器2来操作LED。首先进行定时器2的初始化。

```
TIM_TimeBaseStructure.TIM_Period = 5000;
TIM_TimeBaseStructure.TIM_Prescaler = 72 - 1;
TIM_TimeBaseStructure.TIM_ClockDivision = 0;
TIM_TimeBaseStructure.TIM_CounterMode = TIM_CounterMode_Up;

TIM_TimeBaseInit(TIM2, &TIM_TimeBaseStructure);         //初始化定时器

TIM_ITConfig(TIM2, TIM_IT_Update, ENABLE);              //开定时器中断

TIM_Cmd(TIM2, ENABLE);                                  //使能定时器
```

这里有两个参数需要特别注意，TIM_TimeBaseStructure.TIM_Period与TIM_TimeBaseStructure.TIM_Prescaler。一个是自动重装载值，一个是预分频系数。

这里开启了定时器中断，自然而然要对中断进行一个设置。代码如下。

```
NVIC_InitTypeDef NVIC_InitStructure;
NVIC_PriorityGroupConfig(NVIC_PriorityGroup_3);                   //中断分组
NVIC_InitStructure.NVIC_IRQChannel = TIM2_IRQn;                   //定时器2中断
NVIC_InitStructure.NVIC_IRQChannelPreemptionPriority = 2;         //抢占优先级
NVIC_InitStructure.NVIC_IRQChannelSubPriority = 1;                //相应优先级
NVIC_InitStructure.NVIC_IRQChannelCmd = ENABLE;                   //使能
NVIC_Init(&NVIC_InitStructure);
```

这里有几个关键参数需要读者注意一下。

NVIC_PriorityGroupConfig(NVIC_PriorityGroup_3);

这个是中断分组，STM32F103总共有5个中断分组，见表4-11。

表4-11 中断分组

NVIC_PriorityGroup	NVIC_IRQChannel的先占优先级	NVIC_IRQChannel的从优先级	描述
NVIC_PriorityGroup_0	0	0-15	先占优先级0位 从优先级4位
NVIC_PriorityGroup_1	0-1	0-7	先占优先级1位 从优先级3位
NVIC_PriorityGroup_2	0-3	0-3	先占优先级2位 从优先级2位
NVIC_PriorityGroup_3	0-7	0-1	先占优先级3位 从优先级1位
NVIC_PriorityGroup_4	0-15	0	先占优先级4位 从优先级0位

这里使用的是中断组3，有3位的抢占优先级与1位的响应优先级，对应的抢占优先级有8个，响应优先级有2个。

接下来看一下主函数的内容，在主函数中只初始化了LED和定时器2。

```
void main(void)
{
    delay_init(72);              //滴答定时器初始化
    leds_init();                 //LED初始化
    time2_init();                //定时器2初始化
    for(;;)
    {
        Tim2_Operation();        //定时器2相关操作
    }
}
```

可以看到在主函数的无限循环中只调用了一个Tim2_Operation函数，来看看这个函数的原型。

```
void Tim2_Operation(void)
{
    if(Tim2_TimCount >= 200)     //1000ms
    {
        Tim2_TimCount = 0;       //计数清零
        D1_toggle();             //LED状态反转
        D2_toggle();             //LED状态反转
    }
}
```

可以看到这个函数中只有一个判断语句，if（Tim2_TimCount>=200），而Tim2_TimCount变量是在定时器中断中进行累加。在前面也说过了定时器的定时周期是5ms，也就是每5msTim2_TimCount会累加一次。这里要Tim2_TimCount累加200次，就是5ms×200=1000ms，也就是1s。1s进入一次判断语句，计数清零，然后改变两个LED的状态。

实验步骤

1）正确连接JLINK仿真器到PC和STM32开发板，将传感器正确连接到NB-IoT开发板上。Micro-USB线/串口线一端连接程序下载调试板对应接口，另一端连接PC。

2）用IAR开发环境打开实验例程：Project→RebuildAll重新编译工程。

3）将连接好的硬件平台通电，然后将J-Flash ARM仿真软件与开发板进行软连接。接下来选择Project→Download and debug命令将程序下载到STM32开发板中。

4）下载完后可以选择Debug→Go命令使程序全速运行，也可以将STM32开发板重新上电或者按下复位按钮让刚才下载的程序重新运行。

5）观察实验板LED灯的现象。

实验现象

两个LED灯不停地闪烁，闪烁周期为1s。

4.2.5 按键输入

实验目的

* 了解和掌握如何检测STM32的GPIO。
* 通过STM32控制板实现按键点亮LED实验。
* 知识点掌握：1）了解按键方式改变GPIO口电平，读取电平执行外设控制。

　　　　　　2）了解按键消抖方式，本实验通过定时器延时消抖。

　　　　　　3）了解按键工作方式，本实验采用轮询（可以使用中断）。

实验环境

* STM32实验板、ARM JLINK仿真器、PC以及5V电源。
* 软件：Windows 7/Windows XP，IAR集成环境。

实验原理

机械触点式按键开关，其主要功能是把机械上的通断转换为电气上的逻辑关系。它能提供标准的TTL逻辑电平，以便与通用数字系统的逻辑电平相容。对按键的响应取决于键盘的工作方式，按键的工作方式应根据实际应用系统中CPU的工作状况而定，选取的原则是既要保证CPU能及时响应按键操作，又不要过多占用CPU的工作时间。通常按键的工作方式有3种，编程扫描、定时扫描和中断扫描。

STM32F1的IO口做输入使用的时候，是通过调用函数GPIO_ReadInputDataBit()来读取IO口的状态的。

按键的原理图如图4-35所示。

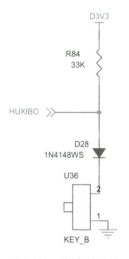

图4-35 按键原理图

引脚的另外一端接在单片机的GPIOA1引脚上，只要判断GPIOA1引脚的电平，就可判断出按键是否被按下。

实验内容

实验原理很简单，不需要使用外部中断来实现，有兴趣的读者可以自己去实现一下。实验中用扫描的方式来判断按键是否被按下，需要考虑到按键被按下时会产生电平抖动，要把这个电平抖动给消除掉。对于本次实验来说加个delay延迟是可以的，但是，如果在一个有很多任务调度的程序中添加这种扫描按键方式的时候再用delay来消除抖动是不合适的。单片机的频率是72M，其运行的速度是很快的，对于实时性要求比较高的工程来说，delay是应该被禁止的。所以，这里不用delay来实现电平的消抖。

本实验是实现通过按键来点亮LED，所以要将LED的引脚以及按键引脚初始化。

在上文中也说过按键的另外一端接在GPIOA1引脚上，将这个引脚初始化为上拉输入。

另外需要一个定时器，所以初始化了定时器2，定时周期依旧是5ms。

主程序代码如下。

```
void main(void)
{
  EquipInit();

  for(;;)
  {
    ScanKey_Operation();
  }

}
```

主程序中EquipInit函数只是进行了需要的一些外设的初始化，包括定时器，LED，以及按键。在循环中只有一个函数，该函数中的内容如下。

```
void ScanKey_Operation(void)
{
  if(ScanKey(_Select_Key1,&Key1_KeyPushedFlag))
  {
    D1_toggle();
  }
}
```

其中有一个判断语句，进入判断语句中会实现反转LED的状态，Scankey函数的内容如下。

```
uint8_t ScanKey(_Key WhichKey, uint8_t* KeyPushedFlag)
{
  if(!WhichKey() || (*KeyPushedFlag))
  {
    KeyStartFlag |= 0x01;                     //消抖计数开始
    if(KeyStartTimCount > 1)                  //一段时间的延迟 消抖 10ms
    {
```

```
            KeyStartTimCount = 0;
            *KeyPushedFlag = success;                      //确实被按下
        }
        if(WhichKey() && (*KeyPushedFlag))                 //等待松开
        {
            KeyStartFlag &= ~0x01;                         //消抖计数结束
            *KeyPushedFlag = fail;
            return success;
        }
    }
    return fail;
}
```

可以看到这个函数中有两个参数，一个是WichKey，一个是KeyPushedFlag。在注释中也可以看懂第一个参数是用来确定哪个按键，第二个参数是按键被按下的标志。第一个变量WichKey的类型是_Key，这个类型的原型是typedef uint8_t(*_Key) (void)。这是一个函数指针，在扫描函数中看这个函数的传参函数，if(ScanKey(_Select_Key1,&Key1_KeyPushedFlag))，_Select_Key1参数的原型如下。

```
uint8_t _Select_Key1(void) {
    return GPIO_ReadInputDataBit(GPIOA, GPIO_Pin_1);}      //按键1
```

这是一个uint8_t返回值类型的函数，返回的是GPIOA1的状态。

再看ScanKey函数，这其中最外层的一个判断条件是if(!WhichKey() || (*KeyPushedFlag))，这个WichKey就是传入的函数指针，也就是_Select_Key1函数，在扫描判断GPIOA1的状态。从原理图中可以看出，当按键没有被按下的时候GPIOA1引脚一直是高电平，当按键被按下时，引脚电平被拉低。也就是当电平被拉低后会进入这个判断语句（不管是不是电平抖动）。那如何消抖呢？可以看到在进入这个判断语句后将KeyStartFlag标志位置起，这个标志位在定时器2的中断中有效。定时器2的中断函数如下。

```
void TIM2_IRQHandler(void)                                 //5ms
{
    if (TIM_GetITStatus(TIM2, TIM_IT_Update) != RESET)
    {
        TIM_ClearITPendingBit(TIM2, TIM_IT_Update);

        if(KeyStartFlag)                                   //开始消抖标志
        {
            KeyStartTimCount++;
            if(KeyStartTimCount >= 200)
            {
                KeyStartTimCount = 0;
                KeyStartFlag &= ~0x01;
            }
        }
    }
}
```

}

可以看到在中断函数中有KeyStartFlag标志位的判断语句，当这个标志位置位后，KeyStartTimCount变量开始累加。再回到ScanKey函数中，可以看到有一个判断语句，if(KeyStartTimCount>1)，KeyStartTimCount变量是在定时器2中断中进行累加的。当这个变量大于1也就是10ms时，会将KeyPushedFlag也就是按键被按下的标志置位。这里是用定时器产生一个10ms的延时来代替delay。

如果觉得效果不佳，改变消抖的时间进行调整。

实验步骤

1）正确连接JLINK仿真器到PC机和STM32开发板，将传感器正确连接到NB-IoT开发板上。Micro-USB线/串口线一端连接程序下载调试板对应接口，另一端连接PC。

2）用IAR开发环境打开实验例程：Project→Rebuild All重新编译工程。

3）将连接好的硬件平台通电，然后将J-Flash ARM仿真软件与开发板进行软连接。接下来选择Project→Download and debug命令将程序下载到STM32开发板中。

4）下载完后可以选择Debug→Go命令使程序全速运行；也可以将STM32开发板重新上电或者按下复位按钮让刚才下载的程序重新运行。

5）按下按键观察LED灯变化。

实验现象

按下按键，LED灯状态改变。

4.2.6 串口通信

实验目的

* 了解和掌握如何控制STM32的串口。
* 通过STM32控制板实现串口的收发实验。
* 知识点掌握：1）了解通用同步异步收发器（USART）的特点。
  2）学会配置USART的通信设置（波特率，起始位等）。
  3）学习如何查询标志位状态，掌握中断函数编写。
  4）学会编写常用的串口收发函数，并会使用串口调试工具。

实验环境

* STM32实验板、ARM JLINK仿真器、PC以及5V电源。
* 软件：Windows 7/Windows XP，IAR集成环境。

实验原理

串口作为MCU的重要外部接口，同时也是软件开发重要的调试手段，其重要性不言而喻。现在基本上所有的MCU都会带有串口，STM32也不例外。

STM32的串口资源相当丰富，功能也相当强劲。本次使用的STM32开发板最多可提供5路串口，包括分数波特率发生器、支持同步单线通信和半双工单线通信、支持LIN、支持调制解调器操作、智能卡协议和IrDA SIR ENDEC规范、具有DMA等。

串口模式的操作具有以下特点：

* 8位或者9位的负载数据。
* 奇偶校验或者无奇偶校验。

- 配置起始位或者停止位电平。
- 独立收发中断。

串口设置的一般步骤可以总结为如下几个步骤。

1）串口时钟使能，GPIO时钟使能。

2）串口复位。

3）GPIO端口模式设置。

4）串口参数初始化。

5）开启中断并且初始化NVIC（如果需要开启中断才需要这个步骤）。

6）使能串口。

7）编写中断处理函数。

接下来，先简单介绍下几个与串口基本配置直接相关的固件库函数，这些函数和定义主要分布在stm32f10x_usart.h和stm32f10x_usart.c文件中。

1）串口时钟使能。串口是挂载在APB2下面的外设，所以使能函数为：

RCC_APB2PeriphClockCmd(RCC_APB2Periph_USART1);

2）串口复位。当外设出现异常的时候可以通过复位设置，实现该外设的复位，然后重新配置这个外设达到让其重新工作的目的。一般在系统刚开始配置外设的时候，都会先执行复位该外设的操作。复位是在函数USART_DeInit()中完成的。

void USART_DeInit(USART_TypeDef* USARTx);   //串口复位

比如，要复位串口1，方法为：

USART_DeInit(USART1);   //复位串口 1

3）串口参数初始化。串口初始化是通过USART_Init()函数实现的。

void USART_Init(USART_TypeDef* USARTx, USART_InitTypeDef*USART_InitStruct);

这个函数的第一个入口参数是指定初始化的串口标号，这里选择USART1。第二个入口参数是一个USART_InitTypeDef类型的结构体指针，这个结构体指针的成员变量用来设置串口的一些参数。一般的实现格式如下。

USART_InitStructure.USART_BaudRate = bound;   //波特率设置
USART_InitStructure.USART_WordLength = USART_WordLength_8b;
                                                    //字长为 8 位数据格式
USART_InitStructure.USART_StopBits = USART_StopBits_1; //一个停止位
USART_InitStructure.USART_Parity = USART_Parity_No;   //无奇偶校验位
USART_InitStructure.USART_HardwareFlowControl
= USART_HardwareFlowControl_None;   //无硬件数据流控制
USART_InitStructure.USART_Mode = USART_Mode_Rx | USART_Mode_Tx; //收发模式
USART_Init(USART1, &USART_InitStructure);   //初始化串口

从上面的初始化格式可以看出初始化需要设置的参数为：波特率，字长，停止位，奇偶校验位，硬件数据流控制，模式（收，发）。可以根据需要设置这些参数。

4）数据发送与接收。STM32的发送与接收是通过数据寄存器USART_DR来实现的，这是一个双寄存器，包含了TDR和RDR。当向该寄存器写数据的时候，串口就会自动发送，当收到数据的时候，也是存在该寄存器内。STM32库函数操作USART_DR寄存器发送数据的函数是：

void USART_SendData(USART_TypeDef* USARTx, uint16_t Data);
//通过该函数向串口寄存器 USART_DR 写入一个数据。

STM32 库函数操作USART_DR寄存器读取串口接收到的数据的函数是：

uint16_t USART_ReceiveData(USART_TypeDef* USARTx);
//通过该函数可以读取串口接收到的数据。

5）串口状态。串口的状态可以通过状态寄存器USART_SR读取。USART_SR的各位描述如图4-36及表4-12所示。

31	30	29	28	27	26	25	24	23	22	21	20	19	18	17	16
保留															

15	14	13	12	11	10	9	8	7	6	5	4	3	2	1	0
保留						CTS	LBD	TXE	TC	RXNE	IDLE	ORE	NE	FE	PE
						rc w0	rc w0	r	rc w0	rc w0	r	r	r	r	r

图4-36　USART_SR寄存器

表4-12　USART_SR寄存器各位描述

位31:10	保留位，硬件强制为0
位9	CTS: CTS标志（CTS flag） 如果设置了CTSE位，当nCTS输入变化状态时，该位被硬件置高。由软件将其清零。如果USART_CR3中的CTSIE为'1'，则产生中断 0: nCTS状态线上没有变化 1: nCTS状态线上发生变化 注：UART4和UART5上不存在这一位
位8	LBD: LIN断开检测标志（LIN break detection flag） 当探测到LIN断开时，该位由硬件置'1'，由软件清'0'（向该位写0）。如果USART_CR3中的LBDIE=1，则产生中断 0: 没有检测到LIN断开 1: 检测到LIN断开 注意：若LBDIE=1，当LBD为'1'时要产生中断
位7	TXE: 发送数据寄存器空（Transmit data register empty） 当TDR寄存器中的数据被硬件转移到移位寄存器的时候，该位被硬件置位。如果USART_CR1寄存器中的TXEIE为1，则产生中断。对USART_DR的写操作，将该位清零 0: 数据还没有被转移到移位寄存器 1: 数据已经被转移到移位寄存器 注意：单缓冲器传输中使用该位
位6	TC: 发送完成（Transmission complete） 当包含有数据的一帧发送完成后，并且TXE=1时，由硬件将该位置'1'。如果USART_CR1中的TCIE为'1'，则产生中断。由软件序列清除该位（先读USART_SR，然后写入USART_DR）。TC位也可以通过写入'0'来清除，只有在多缓存通讯中才推荐这种清除程序 0: 发送还未完成 1: 发送完成
位5	RXNE: 读数据寄存器非空（Read data register not empty） 当RDR移位寄存器中的数据被转移到USART_DR寄存器中，该位被硬件置位。如果USART_CR1寄存器中的RXNEIE为1，则产生中断。对USART_DR的读操作可以将该位清零。RXNE位也可以通过写入0来清除，只有在多缓存通讯中才推荐这种清除程序 0: 数据没有收到 1: 收到数据，可以读出

（续）

位4	IDLE：监测到总线空闲（IDLE line detected） 当检测到总线空闲时，该位被硬件置位。如果USART_CR1中的IDLEIE为'1'，则产生中断。由软件序列清除该位（先读USART_SR，然后读USART_DR） 0：没有检测到空闲总线 1：检测到空闲总线 注意：IDLE位不会再次被置高直到RXNE位被置起（即又检测到一次空闲总线）
位3	ORE：过载错误（Overrun error） 当RXNE仍然是'1'的时候，当前被接收在移位寄存器中的数据，需要传送至RDR寄存器时，硬件将该位置位。如果USART_CR1中的RXNEIE为'1'的话，则产生中断。由软件序列将其清零（先读USART_SR，然后读USART_CR） 0：没有过载错误 1：检测到过载错误 注意：该位被置位时，RDR寄存器中的值不会丢失，但是移位寄存器中的数据会被覆盖。如果设置了EIE位，在多缓冲器通信模式下，ORE标志置位会产生中断的
位2	NE：噪声错误标志（Noise error flag） 在接收到的帧检测到噪音时，由硬件对该位置位。由软件序列对其清玲（先读USART_SR，再读USART_DR） 0：没有检测到噪声 1：检测到噪声 注意：该位不会产生中断，因为它和RXNE一起出现，硬件会在设置RXNE标志时产生中断 在多缓冲区通信模式下，如果设置了EIE位，则设置NE标志时会产生中断
位1	FE：帧错误（Framing error） 当检测到同步错位，过多的噪声或者检测到断开符，该位被硬件置位。由软件序列将其清零(先读USART_SR，再读USART_DR） 0：没有检测到帧错误 1：检测到帧错误或者break符 注意：该位不会产生中断，因为它和RXNE一起出现，硬件会在设置RXNE标志时产生中断。 如果当前传输的数据既产生了帧错误，又产生了过载错误，硬件还是会继续该数据的传输，并且只设置ORE标志位 在多缓冲区通信模式下，如果设置了EIE位，则设置FE标志时会产生中断
位0	PE：校验错误（Parity error） 在接收模式下，如果出现奇偶校验错误，硬件对该位置位。由软件序列对其清零（依次读USART_SR和USART_DR）。在清除PE位前，软件必须等待RXNE标志位被置'1'。如果USART_CR1中的PEIE为'1'，则产生中断 0：没有奇偶校验错误 1：奇偶校验错误

这里关注一下第5、6位RXNE和TC。RXNE（读数据寄存器非空），当该位被置1的时候，就是提示已经有数据被接收到了，并且可以读出来了。这时候要做的就是尽快去读取USART_DR，通过读USART_DR可以将该位清零，也可以向该位写0，直接清除。TC（发送完成），当该位被置位的时候，表示USART_DR内的数据已经被发送完成了。如果设置了这个位的中断，则会产生中断。该位也有两种清零方式。

① 读USART_SR，写USART_DR。
② 直接向该位写0。

在固件库函数里面，读取串口状态的函数是：

FlagStatus USART_GetFlagStatus(USART_TypeDef* USARTx, uint16_t USART_FLAG);

这个函数的第二个入口参数非常关键，它标示着要查看串口的哪种状态，比如，上面讲解的RXNE（读数据寄存器非空）以及TC（发送完成）。要判断读寄存器是否非空（RXNE），操作库函数的方法是：

USART_GetFlagStatus(USART1, USART_FLAG_RXNE);

要判断发送是否完成（TC），操作库函数的方法是：

USART_GetFlagStatus(USART1, USART_FLAG_TC);

6）串口使能。 串口使能是通过函数USART_Cmd()来实现的，使用方法是：

USART_Cmd(USART1, ENABLE); //使能串口

7）开启串口响应中断。 有些时候当还需要开启串口中断，使能串口中断的函数是：

void USART_ITConfig(USART_TypeDef* USARTx, uint16_t USART_IT,FunctionalState NewState)

这个函数的第二个入口参数是标示使能串口的类型，也就是使能哪种中断，因为串口的中断类型有很多种。比如，在接收到数据的时候（RXNE读数据寄存器非空），要产生中断，那么开启中断的方法是：

USART_ITConfig(USART1, USART_IT_RXNE, ENABLE);//开启中断，接收到数据中断

在发送数据结束的时候（TC，发送完成）要产生中断，那么方法是：

USART_ITConfig(USART1, USART_IT_TC, ENABLE);

8）获取相应中断状态。 当使能了某个中断的时候，当该中断发生了，就会设置状态寄存器中的某个标志位。经常在中断处理函数中，要判断该中断是哪种中断，使用的函数是：

ITStatus USART_GetITStatus(USART_TypeDef* USARTx, uint16_t USART_IT)

比如，使能了串口发送完成中断，那么当中断发生了，便可以在中断处理函数中调用这个函数来判断到底是不是串口发送完成中断，方法是：

USART_GetITStatus(USART1, USART_IT_TC)

如果返回值是SET，说明是串口发送完成中断发生。

通过以上的讲解，就可以达到串口最基本的配置了。

实验内容

要使用串口通信，首先要对串口进行初始化，本实验使用串口1来完成实验。此外，还需要用到定时器2，所以定时器2也要初始化。需要注意的参数只有一个，那就是串口的波特率，也就是这个函数传入的参数，修改串口波特率的时候只需要修改baudrate参数即可。另外，在串口初始化完成后一定要使用语句USART_ClearFlag（USART1，USART_FLAG_TC）清除发送完成标志，否则会导致在发送数据的时候第一个字符丢失。

使用串口一定会用到串口的中断，所以要设置串口的中断分组。

初始化完成后看看串口1的中断服务函数。

```
void USART1_IRQHandler(void)
{
    if(USART_GetFlagStatus(USART1,USART_IT_RXNE))    //接收中断（接收寄存器非空）
    {
        USART_Unit_IRQ_ReceiveData(&USART_Unit[1],USART1);
    }
}
```

中断服务函数中只调用了一个函数，USART_Unit_IRQ_ReceiveData，这个函数有两个参数，USART_Unit数组，USART1，下面是USART_Unit的原型。

```c
typedef struct{
    uint8_t USART_Receiving;                        //串口正在接收数据标志
    uint8_t USART_RxCount;                          //串口接收数据计数
    uint8_t USART_ANum;                             //用来确定串口接收数距是否完成
    uint8_t USART_DataFinishFlag;                   //串口接收完成表示
    uint8_t USART_RxLength;                         //串口接收到数据的长度
    uint8_t USART_RxBuf[UartRxMaxLength];           //串口接收到的有效数据
    uint8_t USART_RxEffecDataBuf[UartRxMaxLength];  //从串口BUF中提取出的有效数据
}UsartType;
```

中断服务函数如下。

```c
void USART_Unit_IRQ_ReceiveData(UsartType* USART, USART_TypeDef* USARTx)
{
    uint8_t USART_RxData = 0;

    USART->USART_Receiving = 1;

    USART_RxData = USART_ReceiveData(USARTx);

    if (USART->USART_RxCount < sizeof(USART->USART_RxBuf)-5)
    {
        USART->USART_RxBuf[USART->USART_RxCount++] = USART_RxData;
    }
    else
    {
        USART->USART_RxCount = 0;
    }
}
```

中断服务函数中的函数就是一个串口接收函数，USART_RxData=USART_ReceiveData(USARTx)；将串口接收到的数据传递给USART_RxData变量，然后将这个变量存储到USART→USART_RxBuf数组中。有细心的读者可能会发现，这个中断服务函数中并没有清除中断标志位，在定时器中断那章说过要清除中断标志，否则程序会不断进入中断，但是这里为什么没有清除呢？这个是STM32内部的一个机制，调用了USART_ReceiveData语句，该语句是读取串口接收区，将值返回，在读取完的同时会由硬件将串口中断标志位清除，所以这里不用手动清除。

在这个中断服务函数中的判断语句if（USART→USART_RxCount <sizeof(USART→USART_RxBuf)-5）要-5来防止数组溢出。这样的话，串口中断就完成了。只需要记住串口将接收到的数据存储到USART→USART_RxBuf数组中，而这个变量是在串口中断服务函数中传入的结构体USART_Unit[1]中的。

需要注意的是，串口接收的数据每一个字符都会触发一次串口接收中断。

主函数如下。

```c
void main(void)
{
    EquipInit();

    for(;;)
    {
        USART_Unit_ReceiveData(&USART_Unit[1]);
    }

}
```

在主函数的循环中只调用了一个函数,具体函数如下。

```c
void USART_Unit_ReceiveData(UsartType* USART)
{
    if(USART_TimCount >= 2 && USART->USART_Receiving)    //10ms
    {
        USART_TimCount = 0;
        if(USART->USART_ANum == USART->USART_RxCount)    //数据接收完成
        {
            USART->USART_DataFinishFlag |= 0X01;
            USART->USART_Receiving &= ~0x01;                     //串口接收数据结束
            USART->USART_RxLength = USART->USART_RxCount;  //提取接收到数据长度
            USART->USART_RxCount &= ~0xff;
            memcpy(USART->USART_RxEffecDataBuf, &USART->USART_RxBuf, USART->USART_RxLength);
            memset(USART->USART_RxBuf, 0, sizeof(USART->USART_RxBuf));//清空接收缓冲区
            Usart_SendNumString(USART1, USART->USART_RxEffecDataBuf, USART->USART_RxLength);
                                                                 //接收到的数据打印出来
        }
        else
        {
            USART->USART_ANum = USART->USART_RxCount;
        }
    }
}
```

最外层的判断语句是一个计数以及一个标志位,这个标志位是在串口中断服务函数中被置起的,也就是说当串口收到数据的时候这个标志位会被置起。前边的计数变量是在定时器2中断中进行累加的,也就是每10ms会进行判断一次。这里大概讲一下这个函数的功能,当串口有数据来的时候,程序每10ms进入一次,判断串口接收的数量计数USART_RxCount与USART_ANum变量的值是否相等。如果串口在一直接收数据,USART_RxCount变量是在串口中断服务函数中累加,它的值一定会比USART_ANum值大,那就把USART_RxCount的值赋值给USART_ANum变量。如果串口没有接收数据,USART_RxCount的值不会累加,在下一次10ms的周期后USART_RxCount与USART_ANum的值一定会相等,这样就

可以判断一帧串口数据接收完成。

当一帧串口数据接收完成，将数据接收完成标志位置起，获取接收数据的长度，将接收数据保存入另外一个数据，之后清除掉跟接收有关的变量。为什么要将串口接收的数据再保存到一个其他的数组中，这样不是浪费空间吗？可以想一下，如果说接收完数据需要进行数据处理，然后在进行数据处理的时候串口又收到新的数据，如果之前没有将旧的串口数据保存，那这样新的串口数据就将旧的串口数据覆盖了。这里这么做就相当于做了一个二级缓存，保证了数据的安全。

最原始的串口输出有如下3个函数。

void Usart_SendByte(USART_TypeDef * pUSARTx, uint8_t ch);
void Usart_SendString(USART_TypeDef * pUSARTx, uint8_t *str);
void Usart_SendNumString(USART_TypeDef * pUSARTx, uint8_t *str, uint8_t Num);

Usart_SendNumString()函数代码如下。

```
void Usart_SendNumString(USART_TypeDef * pUSARTx, uint8_t *str, uint8_t Num)
{
  unsigned int k=0;
  for(k = 0;k < Num;k++)
  {
    Usart_SendByte( pUSARTx, *(str + k) );
    delay_us(200);
  }

  while(USART_GetFlagStatus(pUSARTx, USART_FLAG_TC)==RESET)
  {}
}
```

有时候在程序比较大的时候，F1XX系列的单片机在串口输出的时候会输出错误的信息。这里添加delay来避免这种情况的发生。

这里使用的是第3个函数Usart_SendNumString，包含3个参数，1串口号，2传输的数据，3数据长度。

Usart_SendNumString(USART1, USART→USART_RxEffecDataBuf, USART→USART_RxLength);

可将接收到的串口数据原封不动地在串口中打印出来。

实验步骤

1）正确连接JLINK仿真器到PC和STM32开发板，将传感器正确连接到NB-IoT开发板上。Micro-USB线/串口线一端连接程序下载调试板对应接口，另一端连接PC。

2）用IAR开发环境打开实验例程：Project→Rebuild All重新编译工程。

3）将连接好的硬件平台通电，然后将J-Flash ARM仿真软件与开发板进行软连接。接下来选择Project→Download and debug命令将程序下载到STM32开发板中。

4）下载完后可以选择Debug→Go命令使程序全速运行；也可以将STM32开发板重新上电或者按下复位按钮让刚才下载的程序重新运行。

5）打开串口助手，调整波特率，发送数据，观察现象。

实验现象

图4-37 串口通信实验串口显示图

波特率设置为57600，发送的内容在屏幕上会原封不动的打印出来，如图4-37所示。

4.2.7 休眠

实验目的

* 了解和掌握如何控制STM32的休眠。
* 通过STM32控制板实现休眠实验。
* 知识点掌握：1）了解STM32的3种低功耗模式。

　　　　　　　2）了解进入待机模式的步骤。

　　　　　　　3）了解PWR_CR和PWR_CSR寄存器以及PWR_Enter STANDBYMode()库函数。

实验环境

* STM32实验板、ARM JLINK仿真器、PC以及5V电源。
* 软件：Windows 7/Windows XP，IAR集成环境。

实验原理

很多单片机都有低功耗模式，STM32也不例外。在系统或电源复位以后，微控制器处于运行状态。运行状态下的HCLK为CPU提供时钟，内核执行程序代码。当CPU不需要继续运行时，如等待某个外部事件，可以利用多个低功耗模式来降低功耗。用户需要根据最低电源消耗，最快速启动时间和可用的唤醒源等条件，选定一个最佳的低功耗模式。

STM32的低功耗模式有以下3种。

1）睡眠模式（CM3内核停止，外设仍然运行）。
2）停止模式（所有时钟都停止）。
3）待机模式（1.8V内核电源关闭）。

在运行模式下，也可以通过关闭APB和AHB总线上未被使用的外设时钟来降低功耗。3种低功耗模式见表4-13。

表4-13　STM32低功耗模式表

模式	进入	唤醒	对1.8V区域时钟的影响	对VDD区域时钟的影响	电压调节
睡眠（SLEEP-NOW或SLEEP-ON-EXIT）	WFI	任一中断	CPU时钟关，对其他时钟和ADC时钟无影响	无	开
	WFE	唤醒事件			
停机	PDDS和LPDS位+SLEEPDEEP位+WFI或WFE	任一外部中断（在外部中断寄存器中设置）	关闭所有1.8V区域的时钟	HSI和HSE的振荡器关闭	开启或处于低功耗模式（依据电源控制寄存器（PWR_CR）的设定）
待机	PDDS位+SLEEPDEEP位+WFI或WFE	WKUP引脚的上升沿、RTC闹钟事件、NRST引脚上的外部复位、IWDG复位			关

在这3种低功耗模式中，最低功耗的是待机模式，在此模式下，最低只需要2μA左右的电流；停机模式是次低功耗的，其典型的电流消耗在20μA左右；最后是睡眠模式。用户可以根据自己的需求来决定使用哪种低功耗模式。

本实验，仅对STM32的最低功耗模式-待机模式进行介绍。待机模式可实现STM32的最低功耗，该模式是在CM3深睡眠模式时关闭电压调节器，整个1.8V供电区域被断电，PLL、HSI和HSE振荡器也被断电，SRAM和寄存器内容丢失，仅备份的寄存器和待机电路维持供电。

进入待机模式的步骤见表4-14。

表4-14　STM32进入及退出待机模式的条件

待机模式	说明
进入	在以下条件下执行WFI（等待中断）或WFE（等待事件）指令 — 设置Cortex™-M3系统控制寄存器中的SLEEPDEEP位 — 设置电源控制寄存器（PWR_CR）中的PDDS位 — 清除电源控制/状态寄存器（PWR_CSR）中的WUF位
退出	WKUP引脚的上升沿、RTC闹钟事件的上升沿、NRST引脚上外部复位、IWDG复位
唤醒延时	复位阶段时电压调节器的启动

表4-14还列出了退出待机模式的操作，从表4-14可知，有4种方式可以退出待机模式，即当一个外部复位（NRST引脚）、IWDG复位、WKUP引脚上的上升沿或RTC闹钟事件发生时，微控制器从待机模式退出。从待机模式唤醒后，除了电源控制/状态寄存器（PWR_CSR），所有寄存器被复位。

从待机模式唤醒后的代码执行等同于复位后的执行（采样启动模式引脚，读取复位向量等)。电源控制/状态寄存器(PWR_CSR)将会指示内核由待机状态退出。

在进入待机模式后,除了复位引脚以及被设置为防侵入或校准输出时的TAMPER引脚和被使能的唤醒引脚(WK_UP脚),其他的IO引脚都将处于高阻态。

表4-14已经清楚地说明了进入待机模式的通用步骤,其中涉及两个寄存器,即电源控制寄存器(PWR_CR)和电源控制/状态寄存器(PWR_CSR)。下面介绍这两个寄存器。

电源控制寄存器(PWR_CR),该寄存器的各位描述如图4-38和表4-15所示。

31	30	29	28	27	26	25	24	23	22	21	20	19	18	17	16
保留															

15	14	13	12	11	10	9	8	7	6	5	4	3	2	1	0
保留							DBP	PLS[2:0]			PVDE	CSBF	CWUF	PDDS	LPDS
							rw	rw	rw	rw	rw	rc_w1	rc_w1	rw	rw

图4-38 PWR_CR寄存器

表4-15 PWR_CR 寄存器各位描述

位31:9	保留。始终读为0。
位8	DBP: 取消后备区域的写保护 在复位后,RTC和后备寄存器处于被保护状态以防意外写入。设置这位允许写入这些寄存器 0: 禁止写入RTC和后备寄存器 1: 允许写入RTC和后备寄存器 注: 如果RTC的时钟是HSE/128,该位必须保持为'1'
位7:5	PLS[2:0]: PVD电平选择 这些位用于选择电源电压监测器的电压阀值 000: 2.2V 100: 2.6V 001: 2.3V 101: 2.7V 010: 2.4V 110: 2.8V 011: 2.5V 111: 2.9V 注: 详细说明参见数据手册中的电气特性部分
位4	PVDE: 电源电压监测器(PVD)使能 0: 禁止PVD 1: 开启PVD
位3	CSBF: 清除待机位 始终读出为0 0: 无功效 1: 清除SBF待机位(写)
位2	CWUF: 清除唤醒位 始终读出为0 0: 无功效 1: 2个系统时钟周期后清除WUF唤醒位(写)
位1	PDDS: 掉电深睡眠 与LPDS位协同操作 0: 当CPU进入深睡眠时进入停机模式,调压器的状态由LPDS位控制 1: CPU进入深睡眠时进入待机模式
位0	LPDS: 深睡眠下的低功耗 PDDS=0时,与PDDS位协同操作 0: 在停机模式下电压调压器开启 1: 在停机模式下电压调压器处于低功耗模式

这里通过设置PWR_CR的PDDS位，使CPU进入深度睡眠时进入待机模式，同时通过CWUF位，清除之前的唤醒位。电源控制/状态寄存器（PWR_CSR）的各位描述如图4-39及表4-16所示。

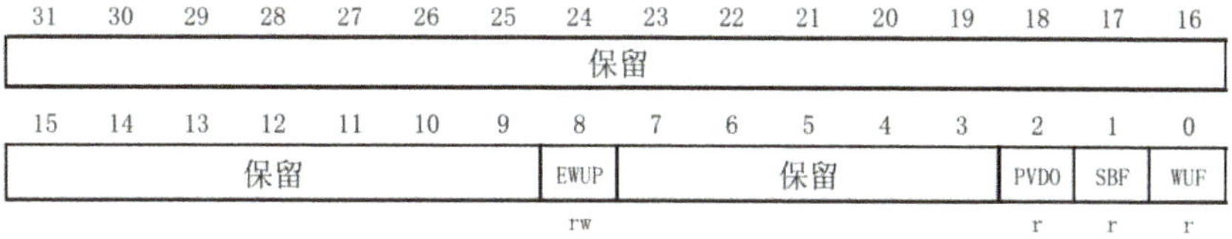

31	30	29	28	27	26	25	24	23	22	21	20	19	18	17	16
							保留								

15	14	13	12	11	10	9	8	7	6	5	4	3	2	1	0
保留							EWUP	保留					PVDO	SBF	WUF
							rw						r	r	r

图4-39　PWR_CSR寄存器

表4-16　PWR_CSR寄存器各位描述

位31:9	保留。始终读为0
位8	EWUP：使能WKUP引脚 0：WKUP引脚为通用I/O。WKUP引脚上的事件不能将CPU从待机模式唤醒； 1：WKUP引脚用于将CPU从待机模式唤醒，WKUP引脚被强置为输入下拉的配置（WKUP引脚上的上升沿将系统从待机模式唤醒） 注：在系统复位时清除这一位
位7:3	保留。始终读为0
位2	PVDO：PVD输出 当PVD被PVDE位使能后该位才有效 0：VDD/VDDA高于由PLS[2:0]选定的PVD阀值 1：VDD/VDDA低于由PLS[2:0]选定的PVD阀值 注：在待机模式下PVD被停止。因此，待机模式后或复位后，直到设置PVDE位之前，该位为0
位1	SBF：待机标志 该位由硬件设置，并只能由POR/PDR（上电/掉电复位）或设置电源控制寄存器（PWR_CR）的CSBF位清除。 0：系统不在待机模式 1：系统进入待机模式
位0	WUF：唤醒标志 该位由硬件设置，并只能由POR/PDR（上电/掉电复位）或设置电源控制寄存器（PWR_CR）的CWUF位清除。 0：没有发生唤醒事件 1：在WKUP引脚上发生唤醒事件或出现RTC闹钟事件 注：当WKUP引脚已经是高电平时，在（通过设置EWUP位）使能WKUP引脚时，会检测到一个额外的事件

本实验只介绍休眠，唤醒会在下个实验中详细说明。

实验内容

本节实验使用按键来让STM32进入休眠状态，所以要初始化按键的引脚。另外，为了方便观察，会让两个LED灯闪烁，所以还要初始化LED与定时器2。

如果发现按键被按下，就让STM32进入休眠。

```
void ScanKey_Operation(void)
{
  if(ScanKey(_Select_Key1,&Key1_KeyPushedFlag))
    Sys_Enter_Standby();
}
```

Sys_Enter_Standby()函数是关键。

```
void Sys_Enter_Standby(void)
{
  RCC_APB2PeriphResetCmd(0X01FC,DISABLE);  //复位所有IO口
  Sys_Standby();
}
```

第一个语句是复位所有IO口，Sys_Standby()函数是让STM32进入休眠。

```
void Sys_Standby(void)
{
    RCC_APB1PeriphClockCmd(RCC_APB1Periph_PWR, ENABLE);
                                                            //使能PWR外设时钟
//  PWR_WakeUpPinCmd(ENABLE);                               //使能唤醒管脚功能   PA0

    PWR_EnterSTANDBYMode();                                 //进入待机模式
}
```

这里不做唤醒处理，所以不用使能WKUP引脚唤醒功能。其实只要执行PWR_EnterSTANDBYMode()函数即可让芯片进行休眠，这个函数下就是寄存器了，读者可以跟上文中的寄存器图进行对照。芯片在休眠的时候消耗的电流是μA级别的，可以用电压表进行测量。如果想知道具体的电流，读者可以下载软件STM32CubeMX，这是ST官方的软件，在其中通过配置，可以看到在休眠的时候具体消耗的电流大小。

实验步骤

1）正确连接JLINK仿真器到PC机和STM32开发板，将传感器正确连接到NB-IoT开发板上。Micro-USB线/串口线一端连接程序下载调试板对应接口，另一端连接PC。

2）用IAR开发环境打开实验例程：Project→Rebuild All重新编译工程。

3）将连接好的硬件平台通电，然后将J-Flash ARM仿真软件与开发板进行软连接。接下来选择Project→Download and debug命令将程序下载到STM32开发板中。

4）下载完后可以选择Debug→Go命令使程序全速运行，也可以将STM32开发板重新上电或者按下复位按钮让刚才下载的程序重新运行。

5）观察实验板LED灯的状态，按下按键，再观察LED灯状态。

实验现象

LED蓝灯与LED红灯交替闪烁，当按下按键后，两个灯同时熄灭，芯片进入休眠，只有复位开发板才能进行唤醒。

4.2.8 唤醒

实验目的

- 了解和掌握如何控制STM32的唤醒。
- 通过STM32控制板实现唤醒实验。
- 知识点掌握：1）观察了解RTC的简化图，基本明白各块功能。
  2）了解RTC相关的多个寄存器及备份域相关的寄存器。
  3）熟悉RTC相关的库函数，学会配置RTC，理解怎样防止重复往RTC中写入数据（通过备份寄存器数据判断）。

4）编写中断函数，周期性的产生闹钟中断唤醒单片机。

实验环境
* STM32实验板、ARM JLINK仿真器、PC以及5V电源。
* 软件：Windows 7/Windows XP，IAR集成环境。

实验原理

在上一个实验中详细介绍了STM32的休眠模式，并且也介绍了唤醒的条件，见表4-13。

唤醒的方式有4种，WKUP引脚上升沿唤醒、RTC警告事件唤醒、NRST引脚上的外部复位唤醒、IWDG复位唤醒，本次实验使用RTC事件唤醒。

"RTC"是Real Time Clock的简称，意为实时时钟。STM32提供了一个秒中断源和一个闹钟中断源，修改计数器的值可以重新设置系统当前的时间和日期。RTC模块之所以具有实时时钟功能，是因为它内部维持了一个独立的定时器，通过配置，可以让它准确地每秒钟中断一次。但实际上，RTC就只是一个定时器而已，掉电之后所有信息都会丢失，因此需要备份寄存器来存储这些信息。

RTC的简化图如图4-40所示。

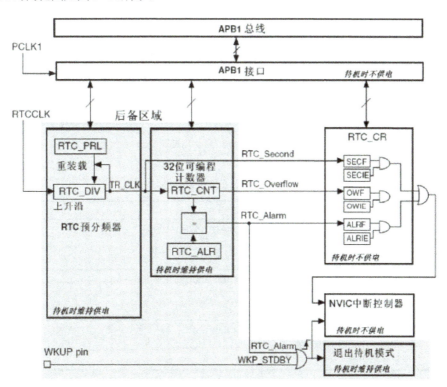

图4-40 RTC的简化图

RTC由两个主要部分组成，第一部分（APB1接口）用来和APB1总线相连。此单元还包含一组16位寄存器，可通过APB1总线对其进行读写操作。APB1接口由APB1总线时钟驱动，用来与APB1总线连接。

另一部分（RTC核心由一组可编程计数器组成，分成两个主要模块。第一个模块是RTC的预分频模块，它可编程产生1s的RTC时间基准TR_CLK。RTC的预分频模块包含了一个20位的可编程分频器（RTC预分频器）。如果在RTC_CR寄存器中设置了相应的允许位，则在每个TR_CLK周期中RTC产生一个中断（秒中断）。第二个模块是一个32位的可编程计数器，可被初始化为当前的系统时间，一个32位的时钟计数器，按秒钟计算，可以记录4294967296s，约合136年左右，作为一般应用已经足够。

RTC还有一个闹钟寄存器RTC_ALR，用于产生闹钟。系统时间按TR_CLK周期累加并与存储在RTC_ALR寄存器中的可编程时间相比较，如果RTC_CR控制寄存器中设置了相应允许位，比较匹配时将产生一个闹钟中断。

RTC内核完全独立于RTC APB1接口，而软件是通过APB1接口访问RTC的预分频值、计数器值和闹钟值的。但是相关可读寄存器只在RTC APB1时钟进行重新同步的时钟上升沿被更新，RTC标志也是如此。这就意味着，如果APB1接口刚刚被开启之后，在第一次的内部寄存器更新之前，从APB1上读取的RTC寄存器值可能被破坏了（通常读到0）。因此，若再读取RTC寄存器曾经被禁止的RTC APB1接口，软件首先必须等待RTC_CRL寄存器的RSF位（寄存器同步标志位，bit3）被硬件置1。

接下来，介绍一下RTC相关的几个寄存器。首先要介绍的是RTC的控制寄存器，RTC总共有两个控制寄存器RTC_CRH和RTC_CRL，两个都是16位的。RTC_CRH的寄存器如图4-41及表4-17所示。

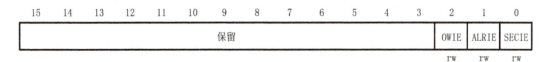

图4-41　RTC_CRH寄存器

表4-17　RTC_CRH寄存器描述

位15:3	保留，被硬件强制为0
位2	OWIE：允许溢出中断位（Overflow interrupt enable） 0：屏蔽（不允许）溢出中断 1：允许溢出中断
位1	ALRIE：允许闹钟中断（Alarm interrupt enable） 0：屏蔽（不允许）闹钟中断 1：允许闹钟中断
位0	SECIE：允许秒中断（Second interrupt enable） 0：屏蔽（不允许）秒中断 1：允许秒中断

该寄存器是用来控制中断的，本实验将要用到秒钟中断，所以在该寄存器必须设置最低位为1，允许秒钟中断。RTC_CRL寄存器如图4-42及表4-18所示。

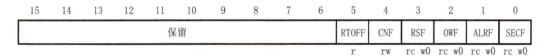

图4-42　RTC_CRL寄存器

表4-18　RTC_CRL寄存器描述

位15:6	保留，被硬件强制为0
位5	RTOFF：RTC操作关闭（RTC operation OFF） RTC模块利用这位来指示对其寄存器进行的最后一次操作的状态，指示操作是否完成。若此位为'0'，则表示无法对任何的RTC寄存器进行写操作。此位为只读位 0：上一次对RTC寄存器的写操作仍在进行 1：上一次对RTC寄存器的写操作已经完成
位4	CNF：配置标志（Configuration flag） 此位必须由软件置'1'以进入配置模式，从而允许向RTC_CNT、RTC_ALR或RTC_PRL寄存器写入数据。只有当此位在被置'1'并重新由软件清'0'后，才会执行写操作 0：退出配置模式（开始更新RTC寄存器） 1：进入配置模式
位3	RSF：寄存器同步标志（Registers synchronized flag） 每当RTC_CNT寄存器和RTC_DIV寄存器由软件更新或清'0'时，此位由硬件置'1'。在APB1复位后，或APB1时钟停止后，此位必须由软件清'0'。要进行任何的读操作之前，用户程序必须等待这位被硬件置'1'，以确保RTC_CNT、RTC_ALR或RTC_PRL已经被同步 0：寄存器尚未被同步 1：寄存器已经被同步
位2	OWF：溢出标志（Overflow flag） 当32位可编程计数器溢出时，此位由硬件置'1'。如果RTC_CRH寄存器中OWIE=1，则产生中断。此位只能由软件清'0'。对此位写'1'是无效的 0：无溢出 1：32位可编程计数器溢出
位1	ALRF：闹钟标志（Alarm flag） 当32位可编程计数器达到RTC_ALR寄存器所设置的预定值，此位由硬件置'1'。如果RTC_CRH寄存器中ALRIE=1，则产生中断。此位只能由软件清'0'。对此位写'1'是无效的 0：无闹钟 1：有闹钟
位0	SECF：秒标志（Second flag） 当32位可编程预分频器溢出时，此位由硬件置'1'同时RTC计数器加1。因此，此标志为可编程的RTC计数器提供一个周期性的信号（通常为1秒）。如果RTC_CRH寄存器中SECIE=1，则产生中断。此位只能由软件清除。对此位写'1'是无效的 0：秒标志条件不成立 1：秒标志条件成立

　　本次实验用到的是该寄存器的0、3~5位。第0位是秒钟标志位，在进入闹钟中断的时候，通过判断这位来决定是不是发生了秒钟中断，然后必须通过软件将该位清零（写0）。第3位为寄存器同步标志位，在修改控制寄存器RTC_CRH/CRL之前，必须先判断该位，是否已经同步了，如果没有则等待同步，在没同步的情况下修改RTC_CRH/CRL的值是不行的。第4位为配置标志位，在软件修改RTC_CNT/RTC_ALR/RTC_PRL的值的时候，必须先软件置位该位，以允许进入配置模式。第5位为RTC操作位，该位由硬件操作，软件只读。通过该位可以判断上次对RTC寄存器的操作是否完成，如果没有，必须等待上一次操作结束才能开始下一次操作。

　　第二个要介绍的寄存器是RTC预分频装载寄存器，也由两个寄存器组成，RTC_PRLH和RTC_PRLL。这两个寄存器是用来配置RTC时钟的分频数的，比如，使用外部32.768kHz的晶振作为时钟的输入频率，那么要设置这两个寄存器的值为32767，以得到1s的计数频率。

由图4-43及表4-19可以看出，RTC_PRLH只有低四位有效，用来存储PRL的19～16位。而PRL的前16位，存放在RTC_PRLL里面，寄存器RTC_PRLL的各位描述如图4-44及表4-20所示。

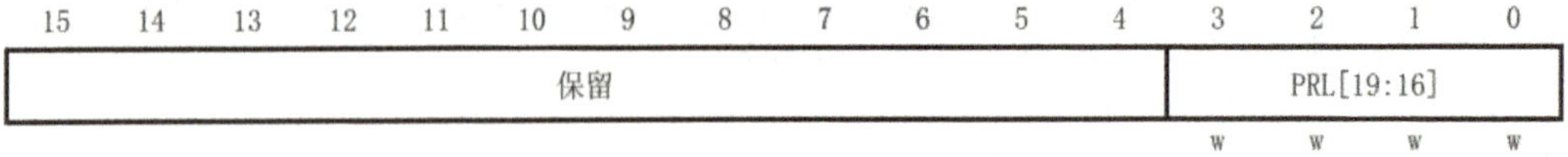

15	14	13	12	11	10	9	8	7	6	5	4	3	2	1	0
保留												PRL[19:16]			
												w	w	w	w

图4-43 RTC_PRLH寄存器

表4-19 RTC_PRLH寄存器描述

位15:6	保留，被硬件强制为0
位3:0	PRL[19:16]：RTC预分频装载值高位（RTC prescaler reload value high） 根据以下公式，这些位用来定义计数器的时钟频率 fTR_CLK = fRTCCLK/(PRL[19:0]+1) 注：不推荐使用0值，否则无法正确地产生RTC中断和标志位

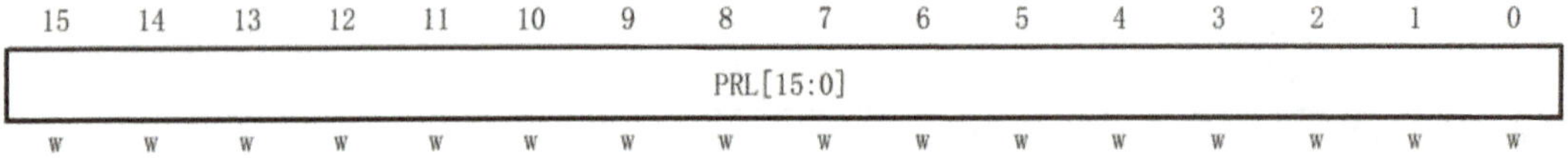

15	14	13	12	11	10	9	8	7	6	5	4	3	2	1	0
PRL[15:0]															
w	w	w	w	w	w	w	w	w	w	w	w	w	w	w	w

图4-44 RTC_PRLL寄存器

表4-20 RTC_PRLL寄存器描述

位15:0	PRL[15:0]：RTC预分频装载值低位 根据以下公式，这些位用来定义计数器的时钟频率 fTR_CLK=fRTCCLK/(PRL[19:0]+1)

在介绍完这两个寄存器之后，介绍RTC预分频器余数寄存器，该寄存器也由两个寄存器组成，RTC_DIVH和RTC_DIVL，这两个寄存器的作用是获得比秒钟更为准确的时钟，如得到0.1s，或者0.01s等。该寄存器的值是自减的，用于保存还需要多少时钟周期获得一个秒信号。在一次秒钟更新后，由硬件重新装载。这两个寄存器和RTC预分频装载寄存器的各位是一样的。

接着要介绍的是RTC最重要的寄存器，RTC计数器寄存器RTC_CNT。该寄存器由两个16位的寄存器组成，RTC_CNTH和RTC_CNTL，总共32位，用来记录秒钟值（一般情况下）。注意，在修改这个寄存器的时候要先进入配置模式。

最后介绍RTC部分的最后一个寄存器，RTC闹钟寄存器，该寄存器也是由两个16位的寄存器组成，RTC_ALRH和RTC_ALRL，总共也是32位，用来标记闹钟产生的时间（以秒为单位）。如果RTC_CNT的值与RTC_ALR的值相等，并使能了中断的话，会产生一个闹钟中断。该寄存器的修改也要进入配置模式才能进行。

因为使用到备份寄存器来存储RTC的相关信息（这里主要用来标记时钟是否已经经过了配置），这里介绍STM32的备份寄存器。备份寄存器是42个16位的寄存器，可用来存储84个字节的用户应用程序数据。它们处在备份域里，当VDD电源被切断，它们仍然由VBAT维持供电。即使系统在待机模式下被唤醒，或系统复位和电源复位时，它们也不会被复位。

此外，BKP控制寄存器用来管理侵入检测和RTC校准功能。复位后，对备份寄存器和RTC的访问被禁止，并且备份域被保护来防止可能存在的意外的写操作。执行以下操作可以使能对备份寄存器和RTC的访问。

1）通过设置寄存器RCC_APB1ENR的PWREN和BKPEN位来打开电源和后备接口的时钟。

2）通过设置电源控制寄存器（PWR_CR）的DBP位来使能对后备寄存器和RTC的访问。一般用BKP来存储RTC的校验值或者记录一些重要的数据，相当于一个EEPROM，不过这个EEPROM需要电池来维持它的数据。

最后，还要介绍一下备份区域控制寄存器RCC_BDCR。该寄存器描述如图4-45及表4-21所示。

31	30	29	28	27	26	25	24	23	22	21	20	19	18	17	16
							保留								BDRST
															rw

15	14	13	12	11	10	9	8	7	6	5	4	3	2	1	0
RTCEN	保留					RTCSEL[1:0]		保留					LSEBYP	LSERDY	LSEON
rw						rw	rw						rw	r	rw

图4-45　RCC_BDCR寄存器

表4-21　RCC_BDCR寄存器描述

位31:17	保留，始终读为0
位16	BDRST：备份域软件复位（Backup domain software reset） 由软件置'1'或清'0' 0：复位未激活 1：复位整个备份域
位15	RTCEN：RTC时钟使能（RTC clock enable） 由软件置'1'或清'0' 0：RTC时钟关闭 1：RTC时钟开启
位14:10	保留，始终读为0
位9:8	RTCSEL[1:0]：RTC时钟源选择（RTC clock source selection）。 由软件设置来选择RTC时钟源。一旦RTC时钟源被选定，直到下次后备域被复位，它不能再被改变。可通过设置BDRST位来清除 00：无时钟 01：LSE振荡器作为RTC时钟 10：LSI振荡器作为RTC时钟 11：HSE振荡器在128分频后作为RTC时钟
位7:3	保留，始终读为0
位2	LSEBYP：外部低速时钟振荡器旁路（External low-speed oscillator bypass） 在调试模式下由软件置'1'或清'0'来旁路LSE。只有在外部32kHz振荡器关闭时，才能写入该位 0：LSE时钟未被旁路 1：LSE时钟被旁路
位1	LSERDY：外部低速LSE就绪（External low-speed oscillator ready） 由硬件置'1'或'0'来指示是否外部32kHz振荡器就绪。在LSEON被清零后，该位需要6个外部低速振荡器的周期才被清零 0：外部32kHz振荡器未就绪 1：外部32kHz振荡器就绪
位0	LSEON：外部低速振荡器使能（External low-speed oscillator enable） 由软件置'1'或清'0' 0：外部32kHz振荡器关闭 1：外部32kHz振荡器开启

RTC的时钟源选择及使能设置都是通过这个寄存器来实现的，所以在RTC操作之前先要通过这个寄存器选择RTC的时钟源，然后才能开始其他的操作。

BKP（后备寄存器）：

特性：

用来管理防侵入检测并具有中断功能的状态/控制寄存器。

用来存储RTC校验值的校验寄存器。

在PC13引脚（当该引脚不用于侵入检测时）上输出RTC校准时钟，RTC闹钟脉冲或者秒脉冲。

访问：

复位后，对备份寄存器和RTC的访问被禁止，并且备份域被保护以防止可能存在的意外写操作。

　　1）通过设置寄存器RCC_APB1ENR的PWREN和BKPEN位来打开电源和后备接口（与APB1总线连接的接口）的时钟。

　　2）电源控制寄存器（PWR_CR）的DBP位来使能对后备寄存器和RTC的访问。

侵入检测：

当TAMPER引脚上的信号从0变为1或者从1变成0（取决于备份控制寄存器BKP_CR的TPAL位），会产生一个侵入检测事件，侵入检测事件将所有数据备份寄存器内容清除。

侵入检测信号是边沿检测的信号与侵入检测允许位的逻辑与，从而使侵入检测引脚被允许前发生的侵入事件也可以被检测到。

设置BKP_CSR寄存器的TPIE位为1，当检测到侵入事件时会产生一个中断。

实验内容

实验要用到RTC，所以要对RTC进行初始化，代码如下。

```
void RTC_Init(void)
{
                        //检查是不是第一次配置时钟
    RCC_APB1PeriphClockCmd(RCC_APB1Periph_PWR | RCC_APB1Periph_BKP, ENABLE);                    //使能PWR和BKP外设时钟
    PWR_BackupAccessCmd(ENABLE);        //使能后备寄存器访问
    if (BKP_ReadBackupRegister(BKP_DR1) != 0x5050)
                        //从指定的后备寄存器中读出数据:读出与写入的指定数据不相等
    {
        BKP_DeInit();  //复位备份区域
        RCC_LSEConfig(RCC_LSE_ON);
                        //设置外部低速晶振(LSE),使用外设低速晶振 32.768kHz
        while (RCC_GetFlagStatus(RCC_FLAG_LSERDY) == RESET);
                        //检查指定的RCC标志位设置与否,等待低速晶振就绪
        RCC_RTCCLKConfig(RCC_RTCCLKSource_LSE);
                        //设置RTC时钟(RTCCLK),选择LSE作为RTC时钟
        RCC_RTCCLKCmd(ENABLE);  //使能RTC时钟
```

```
        RTC_WaitForLastTask();              //等待最近一次对RTC寄存器的写操作完成
        RTC_WaitForSynchro();                //等待RTC寄存器同步
        RTC_ITConfig(RTC_IT_ALR, ENABLE);    //使能闹钟中断
        RTC_ITConfig(RTC_IT_SEC, DISABLE);   //关闭秒中断
        RTC_WaitForLastTask();               //等待最近一次对RTC寄存器的写操作完成
        RTC_EnterConfigMode();/              //允许配置
        RTC_SetPrescaler(32767);             //设置RTC预分频的值单次计数1s
        RTC_WaitForLastTask();               //等待最近一次对RTC寄存器的写操作完成
        RTC_ExitConfigMode();  //退出配置模式
        BKP_WriteBackupRegister(BKP_DR1, 0x5050);
                                             //向指定的后备寄存器中写入用户程序数据
    }
    else                                     //系统继续计时
    {
        RTC_WaitForSynchro();                //等待最近一次对RTC寄存器的写操作完成
        RTC_ITConfig(RTC_IT_ALR, ENABLE);    //使能闹钟中断
        RTC_ITConfig(RTC_IT_SEC, DISABLE);   //关闭秒中断
        RTC_WaitForLastTask();               //等待最近一次对RTC寄存器的写操作完成
    }
    RTC_SetAlarm(RTC_GetCounter()+5);        //5s进入一次闹钟中断
    RTC_NVIC_Config();                       //RCT中断分组设置
}
```

可以发现在初始化中有一个判断语句。

if(BKP_ReadBackupRegister(BKP_DR1)!=0x5050)，这个主要是对后备寄存器进行判断。在上文也说过，后备寄存器在系统待机模式下被唤醒、系统复位、电源复位条件下数据是不会被清除的。根据后备寄存器这个特性来进行设置。这个判断语句是对RTC的一系列设置，而RTC在系统休眠的时候是继续运行的，所以不用每次都进行初始化。可以看到在判断语句中有一条代码：BKP_WriteBackupRegister(BKP_DR1,0X5050);将0x5050写入后备寄存器的BKP_DR1中，而在条件语句中就是对BKP_DR1进行判断，看其是否与0x5050相等，只在系统上电时对RTC进行配置，然后修改BKP_DR1，这样当系统每次从休眠状态唤醒的时候不用再重新配置RTC。

RTC有两个中断，一个秒中断，一个闹钟中断，这两个中断都能对系统进行休眠唤醒。秒中断顾名思义就是1s产生一个中断，也就是1s唤醒一次。而闹钟中断是根据设置的时间来决定的，可以设置闹钟周期。本次实验使用闹钟中断来进行唤醒。

RTC_SetAlarm(RTC_GetCounter()+5);是设置闹钟周期，RTC_GetCounter()函数是获取当前RTC的时间（单位是s），在当前RTC的时间基础上+5s，也就是说在5s后产生一个闹钟中断。RTC中断的代码如下。

```
void RTC_IRQHandler(void)
{
    if(RTC_GetITStatus(RTC_IT_ALR)!= RESET)   //闹钟中断
```

```
    {
      RTC_ClearITPendingBit(RTC_IT_ALR);                    //清除闹钟中断
      RTC_SetAlarm(RTC_GetCounter()+5);                     //重新设置闹钟时间
    }

    RTC_ClearITPendingBit(RTC_IT_SEC|RTC_IT_OW);            //清除闹钟中断
    RTC_WaitForLastTask();
}
```

在中断中清除了闹钟中断，重新设置闹钟时间，就完成了一个5s的闹钟，5s对单片机进行唤醒一次，前提是单片机要进入休眠。这里使用按键进行芯片休眠，跟上一节一样，需要对LED，定时器2，按键GPIO进行初始化。

需要说明的是在芯片从休眠状态被唤醒后，程序会从最开始的地方开始运行，会将所有外设引脚进行初始化。

实验步骤

1）正确连接JLINK仿真器到PC和STM32开发板，将传感器正确连接到NB-IoT开发板上。Micro-USB线/串口线一端连接程序下载调试板对应接口，另一端连接PC。

2）用IAR开发环境打开实验例程：Project→Rebuild All重新编译工程。

3）将连接好的硬件平台通电，然后将J-Flash ARM仿真软件与开发板进行软连接。接下来选择Project→Download and debug命令将程序下载到STM32开发板中。

4）下载完后可以选择Debug→Go命令使程序全速运行；也可以将STM32开发板重新上电或者按下复位按钮让刚才下载的程序重新运行。

5）观察实验板LED灯，按下按键，再观察LED灯状态。

实验现象

LED交替闪烁，然后按一下按键，发现两个LED不再闪烁，等待一段时间后继续闪烁。有时会出现刚按下按键进行休眠然后就立马被唤醒了的现象，这是由于RTC在不断执行，按下按键的时间刚好是RTC要进行闹钟的前一刻。

4.3 NB-IoT物联网套件传感器接口

4.3.1 传感器模块介绍

传感器（Transducer/Sensor）是一种检测装置，能感受到被测量的信息，并能将感受到的信息，按一定规律变换成为电信号或其他所需形式的信息输出，以满足信息的传输、处理、存储、显示、记录和控制等要求。

传感器的特点包括微型化、数字化、智能化、多功能化、系统化、网络化。它是实现自动检测和自动控制的首要环节。传感器的存在和发展，让物体有了触觉、味觉和嗅觉等感官，让物体慢慢变得活了起来。通常根据其基本感知功能可分为热敏元件、光敏元件、气敏元件、力敏元件、磁敏元件、湿敏元件、声敏元件、放射线敏感元件、色敏元件和味敏元件等十大类。

随着新技术革命的到来，世界开始进入信息时代。在利用信息的过程中，首先要解决的就是要获取准确可靠的信息，而传感器是获取自然和生产领域中信息的主要途径与手段。

在现代工业生产尤其是自动化生产过程中，要用各种传感器来监视和控制生产过程中的各个参数，使设备工作在正常状态或最佳状态，并使产品达到最好的质量。因此可以说，没有众多的优良的传感器，现代化生产也就失去了基础。

在基础学科研究中，传感器更具有突出的地位。现代科学技术的发展，进入了许多新领域，例如，在宏观上要观察上千光年的茫茫宇宙，微观上要观察小到费米（fm）的粒子世界，纵向上要观察长达数十万年的天体演化，短到秒的瞬间反应。此外，还出现了对深化物质认识、开拓新能源、新材料等具有重要作用的各种极端技术研究，如超高温、超低温、超高压、超高真空、超强磁场、超弱磁场等。显然，要获取大量人类感官无法直接获取的信息，没有相适应的传感器是不可能的。许多基础科学研究的障碍，首先就在于对象信息的获取存在困难，而一些新机理和高灵敏度的检测传感器的出现，往往会推动该领域内的突破。一些传感器的发展，往往是一些边缘学科开发的先驱。

传感器早已渗透到诸如工业生产、宇宙开发、海洋探测、环境保护、资源调查、医学诊断、生物工程、甚至文物保护等极其广泛的领域。可以毫不夸张地说，从茫茫的太空，到浩瀚的海洋，以至各种复杂的工程系统，几乎每一个现代化项目，都离不开各种各样的传感器。

由此可见，传感器技术在发展经济、推动社会进步方面的重要作用，是十分明显的。世界各国都十分重视这一领域的发展。相信不久的将来，传感器技术将会出现一个飞跃，达到与其重要地位相称的新水平。

4.3.2　使用数字气压传感器

实验目的

* 了解气压传感器原理。
* 通过STM32控制板和气压传感器实现气压和温度的检测。
* 知识点掌握：1）了解传感器结构，明白传感器的工作方式。
　　　　　　　2）了解IIC通信协议，并根据时序编写模拟IIC。
　　　　　　　3）掌握传感器温度和压力的补偿计算方法。

实验环境

* STM32控制板，传感器底板，程序下载调试板，ARM JLINK仿真器，PC，Micro-USB线/串口线，气压传感器节点板，5V电源。
* 软件：Windows 7/Windows XP，IAR集成开发环境，串口调试工具。

实验原理

传感器结构

气压传感器是由一个压阻传感器，模拟-数字转换器，并与E2PROM和一个并行I2C接口的控制单元组成，如图4-46所示。

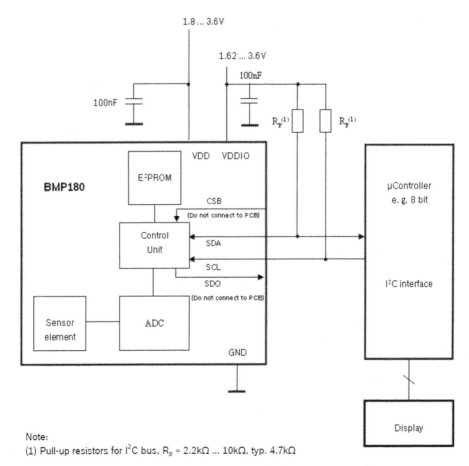

图4-46 气压传感器I2C框架连接图

数据获取方式

该传感器可以获取温度和压力的值,由上图可以看出数据经过A-D转换得到,而这时得到的值为未补偿值(UP未补偿压力数据(16~19位),UT未补偿温度数据(16位))。准确的数据将由E2PROM中的校准数据来补偿,E2PROM中已存储的个人校验数据的176位,可用于补偿偏移量、温度依赖性和传感器的其他参数。本实验使用的通信方式为模拟I2C通信。

温度和压力测量

微控制器发送一个启动序列启动压力和温度测量。转换时间结束后得到结果值(UP和UT)。数据经由I2C接口读出。从E2PROM中获取到校准数据,通过校准数据来计算出补偿后的温度和压力值,而校准系数是通过I2C初始化传感器时得到的。

在动态测量的时候,采样频率可以提高到每秒128个采样点,因此每秒对温度和压力采集一次是完全可行的。气压传感器的测量流程图如图4-47所示。

校准系数

176位的E2PROM共有11个16位的字,其中包含了11个校准系数。每个传感器模块具有独立的系数。在计算出温度和压力的值之前,主机读出E2PROM中的数据。可以检查数据通信,数据中没有0和0xFFFF值。E2PROM中的数据和地址如图4-48所示。

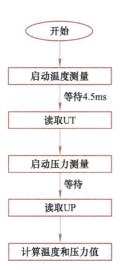

图4-47 气压传感器测量流程图

Parameter	BMP180 reg adr	
	MSB	LSB
AC1	0xAA	0xAB
AC2	0xAC	0xAD
AC3	0xAE	0xAF
AC4	0xB0	0xB1
AC5	0xB2	0xB3
AC6	0xB4	0xB5
B1	0xB6	0xB7
B2	0xB8	0xB9
MB	0xBA	0xBB
MC	0xBC	0xBD
MD	0xBE	0xBF

图4-48 E2PROM的数据和地址

压力和温度的计算

可以通过oversampling_setting(os)选择（0、1、2、3）来改变模式（超低功率，标准型，高，超高分辨率）。

计算补偿后的压力和温度，单位和精度为1Pa和0.1℃。

计算过程如图4-49所示。

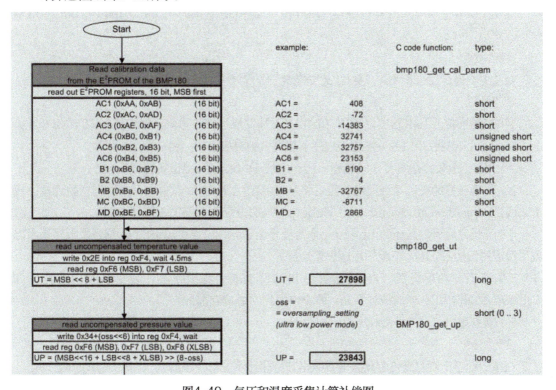

图4-49 气压和温度采集计算补偿图

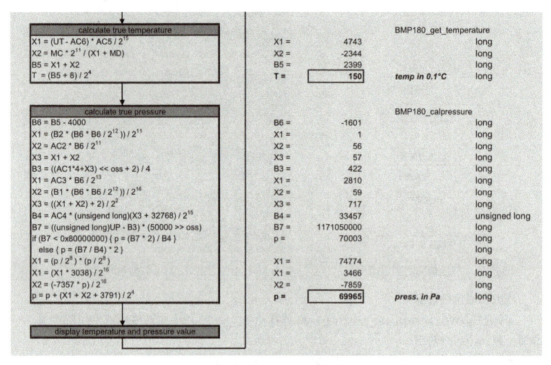

图4-49 气压和温度采集计算补偿图（续）

如图4-49所示得到的补偿温度值为150，温度的单位为0.1℃，所以实际的温度值为15.0℃。

实验内容

实验主要通过I2C来通信，要对I2C进行相应的初始化。

实验步骤

1）正确连接JLINK仿真器到PC和STM32开发板，将传感器正确连接到STM32开发板上。Micro-USB线/串口线一端连接程序下载调试板对应接口，另一端连接PC。

2）用IAR开发环境打开实验例程：Project→Rebuild All重新编译工程。

3）将连接好的硬件平台通电，然后将J-Flash ARM仿真软件与开发板进行软连接。接下来选择Project→Download and debug命令将程序下载到STM32开发板中。

4）下载完后可以选择Debug→Go命令程序全速运行，也可以将STM32开发板重新上电或者按下复位按钮让刚才下载的程序重新运行。

5）程序成功运行后，在PC上打开串口助手或者超级终端，设置接收的波特率为57600，数据位为8，奇偶校验为无，停止位为1，数据流控制为无。

6）观察串口调试工具接收区显示的数据。

实验结果

在串口助手上观察到传感器获取到数据并打印显示。对传感器吹气和按压将改变它的值，串口助手的显示结果如图4-50所示。

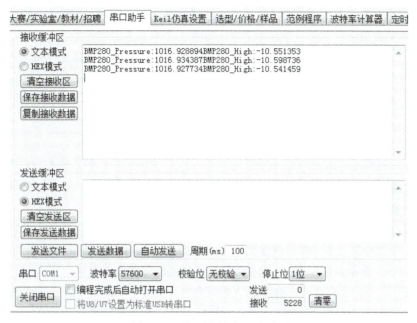

图4-50 气压实验串口显示图

4.3.3 使用温湿度传感器

实验目的
* 了解温湿度传感器原理。
* 通过STM32读取温湿度数据,并通过串口显示出来。
* 知识点掌握:1)了解传感器通信的时序,并根据时序编写读写函数。
　　　　　　2)掌握传感器温湿度的补偿计算方法。

实验环境
* STM32控制板,传感器底板,程序下载调试板,ARM JLINK仿真器,PC,Micro-USB线/串口线,温湿度传感器节点板,5V电源。
* 软件:Windows 7/Windows XP,IAR集成开发环境,串口调试工具。

实验原理
SHTxx系列单芯片传感器是一款含有已校准数字信号输出的温湿度复合传感器。它应用工业COMS过程微加工技术(CMOSens®),确保产品具有极高的可靠性与卓越的长期稳定性。传感器包括一个电容式聚合体测湿元件和一个能隙式测温元件,并与一个14位的A-D转换器以及串行接口电路在同一芯片上实现无缝连接。因此,该产品具有品质卓越、响应超快、抗干扰能力强、性价比极高等优点。每个SHTxx传感器都在极为精确的湿度校验室中进行校准。校准系数以程序的形式储存在OTP内存中,传感器内部在检测信号的处理过程中要调用这些校准系数。两线制串行接口和内部基准电压使系统集成变得简易快捷。其超小的体积、极低的功耗,成为各类应用甚至最为苛刻的应用场合的最佳选择。产品提供表面贴片LCC(无铅芯片)或4针单排引脚封装。

温湿度取值原理如下。

发送命令用一组"启动传输"时序,来表示数据传输的初始化,如图4-51所示。它包括当SCK时钟高电平时DATA翻转为低电平，紧接着SCK变为低电平，随后是在SCK时钟高电平时DATA翻转为高电平。

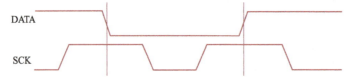

图4-51　温湿度传感器启动时序图

后续命令包含3个地址位（目前只支持"000"）和5个命令位。SHTxx会以下述方式表示已正确地接收到指令，在第8个SCK时钟的下降沿之后，将DATA下拉为低电平（ACK位）。在第9个SCK时钟的下降沿之后，释放DATA（恢复高电平）。

测量时序（RH和T）如图4-52所示。发布一组测量命令（'00000101'表示相对湿度RH，'00000011'表示温度T）后，控制器要等待测量结束。这个过程需要大约20/80/320ms，分别对应8/12/14bit测量。确切的时间随内部晶振速度变化，最多可能有正负30%的变化。SHTxx通过下拉DATA至低电平并进入空闲模式，表示测量的结束。控制器在再次触发SCK时钟前，必须等待这个"数据备妥"信号来读出数据。检测数据可以先被存储，这样控制器可以继续执行其他任务，需要时再读出数据。接着传输2个字节的测量数据和1个字节的CRC奇偶校验。ACK需要通过下拉DATA为低电平，以确认每个字节。所有的数据从MSB开始，右值有效（例如，对于12bit数据，从第5个SCK时钟起算作MSB；而对于8bit数据，首字节则无意义）。用CRC数据的确认位可表明通信结束。如果不使用CRC校验，控制器可以在测量值LSB后，通过保持确认位ACK高电平，来中止通信。在测量和通信结束后，SHTxx自动转入休眠模式。测量时序的概览如图4-53所示。

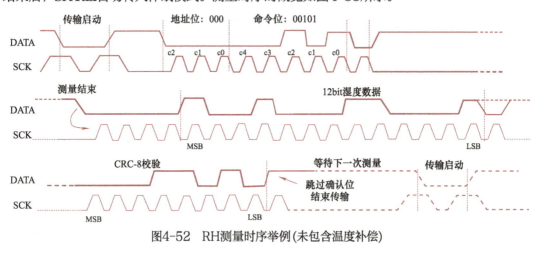

图4-52　RH测量时序举例(未包含温度补偿)

图4-53　测量时序概览（TS=启动传输）

通信复位时序，如果与SHTxx通信中断，信号时序可以复位串口，如图4-54所示，当DATA保持高电平时，触发SCK时钟9次或更多。在下一次指令前，发送一个"传输启动"时序。这些时序只复位串口，状态寄存器内容仍然保留。

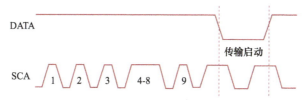

图4-54　通讯复位时序图

相对湿度，为了补偿湿度传感器的非线性以获取准确数据，建议使用如下公式修正输出数值：

$$RH_{linear}=c1+c2\cdot SO_{RH}+c3\cdot SO_{RH}^2$$

式中　SO_{RH}——SHTxx的温度输出测量值，单位为%RH。

湿度转换系数见表4-22。

表4-22　湿度转换系数表

SO_{RH}	c1	c2	c3
12bit	-4	0.0405	-2.8×10^{-6}
8bit	-4	0.648	-7.2×10^{-4}

高于99%RH的测量值表示空气已经完全饱和，必须被处理成显示值均为100%RH。湿度传感器对电压基本上没有依赖性。从SO_{RH}转换到相对湿度的曲线图如图4-55所示。

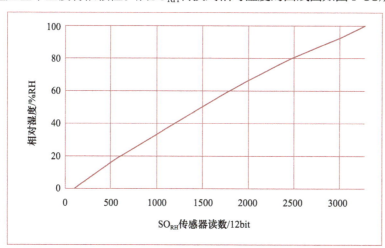

图4-55　从SO_{RH}转换到相对湿度

湿度传感器相对湿度的温度补偿实际测量温度与25℃（～77℉）相差较大时，应考虑湿度传感器的温度修正系数，见表4-23，公式如下所示。

$$RH_{true}=(T-25)\cdot(t_1+t_2\cdot SO_{RH})+RH_{linear}$$

式中　T——当前湿度，单位为℃。

表4-23 温度补偿系数

SO$_{RH}$	t1	t2
12bit	0.01	0.00008
8bit	0.01	0.00128

由能隙材料PTAT（正比于绝对温度）研发的温度传感器具有极好的线性，可用如下公式将数字输出转换为温度值，温度转换系数见表4-24。

$$Temperature = d_1 + d_2 \cdot SO_T$$

式中　SO_T——SHTxx的温度输出测量值。

表4-24 温度转换系数

VDD	d_1 [℃]	d_1 [℉]
5V	-40.00	-40.00
4V	-39.75	-39.55
3.5V^3	-39.66	-39.39
3V^3	-39.60	-39.28
2.5V^3	-39.55	-39.19
SO$_T$	d_2 [℃]	d_2 [℉]
14bit	0.01	0.018
12bit	0.04	0.072

在极端工作条件下测量温度时，可使用进一步的补偿算法以获取高精度。通过查看温湿度传感器的电路原理图得知，温湿度模块与STM32部分接口电路如图4-56所示。

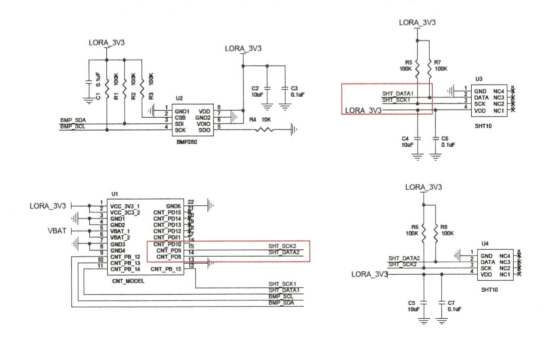

图4-56　温湿度模块与STM32接口图

将温湿度芯片SHT_SCK2引脚连接到了STM32的PD9口，SHT_DATA2引脚连接到了STM32的PD8口。

实验内容

本实验是通过STM32的PD8，PD9口模拟SHT1x的读取时序，读取SHT1x的温湿度数据，读取到温湿度数据之后通过串口打印出来。

根据温湿度传感器SHT1x的工作原理以及温湿度数据读取时序，通过编程实现温湿度值的采集。

实验步骤

1）正确连接JLINK仿真器到PC机和STM32开发板，将传感器正确连接到STM32开发板上。Micro-USB线/串口线一端连接程序下载调试板对应接口，另一端连接PC。

2）用IAR开发环境打开实验例程：Project→RebuildAll重新编译工程。

3）将连接好的硬件平台通电，然后将J-Flash ARM仿真软件与开发板进行软连接。接下来选择Project→Download and debug命令将程序下载到STM32开发板中。

4）下载完后可以选择Debug→Go命令使程序全速运行，也可以将STM32开发板重新上电或者按下复位按钮让刚才下载的程序重新运行。

5）程序成功运行后，在PC上打开串口助手或者超级终端，设置接收的波特率为57600，数据位为8，奇偶校验为无，停止位为1，数据流控制为无。

6）观察串口调试工具接收区显示的数据。

实验结果

在接收区看到如下信息（显示的值与实验环境的温湿度有关），如图4-57所示。

Temp   24.9℃   RH   45.1%
Temp   24.9℃   RH   45.0%

此时用手轻轻触摸传感器或者对传感器换换吹气，会发现温度值和湿度值上升。

Temp   25.8℃   RH   56.2%
Temp   26.5℃   RH   64.7%

图4-57　温湿度实验串口显示图

4.3.4 NFC读卡

实验目的

* 了解并掌握如何使用STM32读取IC高频卡卡号。
* 了解IC高频模块工作原理。
* 知识点掌握：1）了解RFID的编码和耦合方式以及RFID的应用。
    2）了解SPI通信协议，并会根据SPI时序编写读写函数。
    3）了解读写卡的过程（寻卡，防碰撞，选卡，认证，读卡）。

实验环境

* STM32控制板、IC卡、传感器底板、程序下载板、ARM JLINK仿真器、PC以及5V电源。
* 软件：Windows 7/Windows XP，IAR集成环境。

实验原理

RFID中常用的编码方式如下。

1. 曼彻斯特编码

1码是前半（50%）为高，后半（50%）位为低；0码是前半（50%）为低，后半（50%）位为高。

NRZ码和数据时钟进行异或便可得到曼彻斯特编码，反之亦可。

2. 密勒（Miller）码

密勒码的逻辑0的电平和前位有关系，逻辑1虽然在位中间有跳变，但是上跳下跳取决于前位的结束电平。

3. 修正密勒编码

ISO/IEC 14443，载波频率13.56MHz，数据传输速率106kbit/s。从阅读器（PCD）向应答器（PICC）传数据中，TYPE A采用修正密勒码方式对载波进行调制。

4. RFID耦合方式

（1）电感耦合

电感耦合系统是通过空间高频交变磁场实现耦合，依据的是电磁感应定律，电感耦合方式一般适合于中、低频率工作的近距离RFID系统，电感耦合的原理图如图4-58所示。

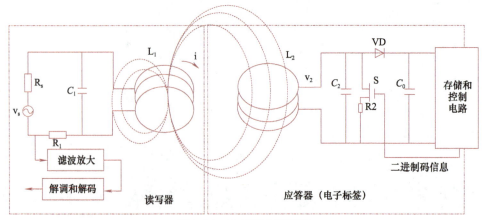

图4-58 电感耦合原理图

（2）反向散射耦合方式

雷达技术为RFID的反向散射耦合方式提供了理论和应用基础。发射出去的电磁波遇到空间目标（物体）时，其能量的一部分被目标吸收，另一部分以不同的强度被散射到各个方向。在散射的能量中，一小部分反射回了发射天线，并被该天线接收（因此发射天线也是接收天线），对接收信号进行放大和处理，即可获得目标的有关信息。

5. RFID技术的应用

RFID的应用按作用距离可分为近距离和远距离应用；按照识别的类别可以分为身份、动物和物品识别；在识别的基础上可以完成收费、显示、控制、信息传输、数据整合、存储和挖掘等功能。

目前，RFID在票务系统（城市公交、高速收费ETC、门票等）收费卡、安检门禁、物流、家政、食品安全追溯、矿井生产安全、防盗防伪、证件、集装箱识别、生产自动化等众多领域获得了广泛重视和应用。

实验内容

1）程序正确运作之后，STM32将可以正确读取IC卡卡号，并通过串口调试工具在PC端显示卡号。

2）NFC读卡模块原理图如图4-59所示。

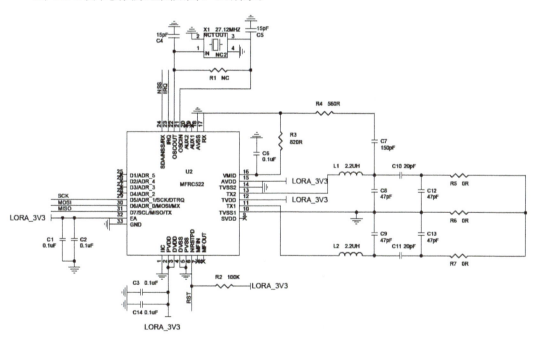

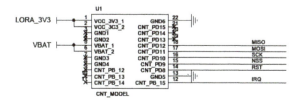

图4-59　NFC读卡原理图

实验步骤

1）正确连接JLINK仿真器到PC和STM32开发板，将传感器正确连接到STM32开发板上。Micro-USB线/串口线一端连接程序下载调试板对应接口，另一端连接PC。

2）用IAR开发环境打开实验例程：Project→Rebuild All重新编译工程。

3）将连接好的硬件平台通电，然后将J-Flash ARM仿真软件与开发板进行软连接。接下来选择Project→Download and debug命令将程序下载到STM32开发板中。

4）下载完后可以选择Debug→Go命令使程序全速运行，也可以将STM32开发板重新上电或者按下复位按钮让刚才下载的程序重新运行。

5）程序成功运行后，在PC上打开串口助手或者超级终端，设置接收的波特率为57600，数据位为8，奇偶校验为无，停止位为1，数据流控制为无。

6）将IC卡放置读卡器天线区域，此时蜂鸣器响起，将IC卡拿开会在串口调试工具上显示IC卡号。

实验现象

实验现象如实验步骤6）所描述，将IC卡放置读卡器天线区域，此时蜂鸣器响起，将IC卡拿开会在串口调试工具上显示IC卡号，如图4-60所示。

图4-60　NFC读卡实验串口显示图

4.3.5　电机控制

实验目的

* 了解并掌握如何使用STM32驱动直流电机。
* 知识点掌握：1）了解STM32如何通过DRV8837驱动直流减速电机工作。
　　　　　　　2）实验涉及LED、按键控制以及LORA通信。

实验环境

* STM32控制板、传感器底板、程序下载板、ARM JLINK仿真器、PC以及5V电源。
* 软件：Windows 7/Windows XP，IAR集成环境。

实验原理

直流电机（Direct current machine）是指能将直流电能转换成机械能（直流电动机）或将机械能转换成直流电能（直流发电机）的旋转电机。

实验使用STM32和DRV8837驱动直流减速电机工作。

实验内容

1）直流电机驱动原理图如图4-61所示。

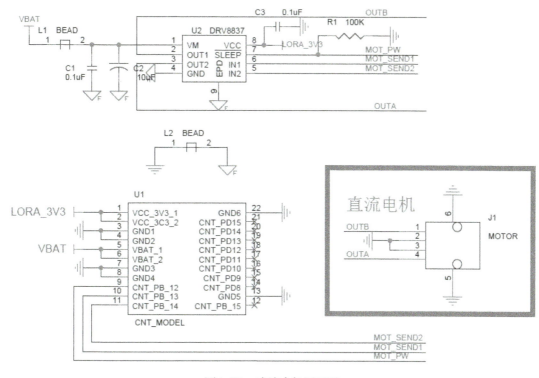

图4-61 直流电机原理图

2)使用按键控制电机打开和关闭(LOCK按键和UNLOCK按键)。

实验步骤

1)正确连接JLINK仿真器到PC和STM32开发板,将传感器正确连接到STM32开发板上。Micro-USB线/串口线一端连接程序下载调试板对应接口,另一端连接PC。

2)用IAR开发环境打开实验例程:Project→Rebuild All重新编译工程。

3)将连接好的硬件平台通电,然后将J-Flash ARM仿真软件与开发板进行软连接。接下来选择Project→Download and debug命令将程序下载到STM32开发板中。

4)下载完后可以选择Debug→Go命令使程序全速运行,也可以将STM32开发板重新上电或者按下复位按钮让刚才下载的程序重新运行。

实验现象

按下LOCK键电机打开,按下UNLOCK键电机关闭。

本章从物联网设备(STM32)的基础内容,到基础端口,再到外设传感器,通过实验方式,介绍NB-IoT物联网设备的使用方法。

1)"呼吸灯"是如何实现的?
2)NB-IoT物联网套件有哪些基本的接口,这些接口的作用是什么?
3)NB-IoT物联网套件包含什么传感器,这些传感器分别可以应用到什么场景?
4)使用STM32制作一个定时闹钟。
5)使用STM32制作一个门禁系统,并形成设计方案。

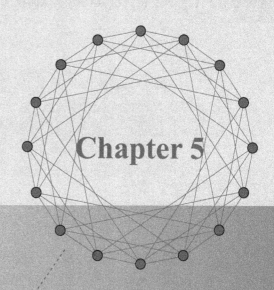

Chapter 5

第5章
NB-IoT实验设备通信模块研究与使用

本章概述

本章介绍物联网的一些通信技术以及一些通信实例，主要通过实验方式讲解NB-IoT、GPRS、GPS等物联网无线通信模块的使用，并通过自己动手实现物联网设备的真正"联网"。

学习目标

- NB-IoT模块使用。
- GPRS模块使用。
- GPS模块使用。
- 具备开阔、灵活的思维能力。
- 具备积极、主动的探索精神。
- 具备严谨、细致的工作态度。

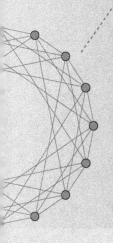

5.1 NB-IoT模块

5.1.1 NB-IoT串口及AT驱动

实验目的
- 了解和掌握如何驱动NB-IoT模块。
- 通过STM32串口发送AT命令和接收回码。
- 知识点掌握：1）了解STM32与NB-IoT模块的通信方式（USART）。
  2）掌握USART、TIM的配置以及中断函数编写。

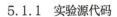

5.1.1　实验源代码

实验环境
- STM32控制板、传感器底板、程序下载板、ARM JLINK仿真器、PC以及5V电源。
- 软件：Windows 7/Windows XP，IAR集成环境。

实验原理

NB-IoT通信的原理图如图5-1所示，NB-IoT模块与外接MCU的通信方式为USART通信。从图5-1可以看到需要驱动USART3，因此只要驱动了USART3就可实现NB-IoT与MCU之间的通信。

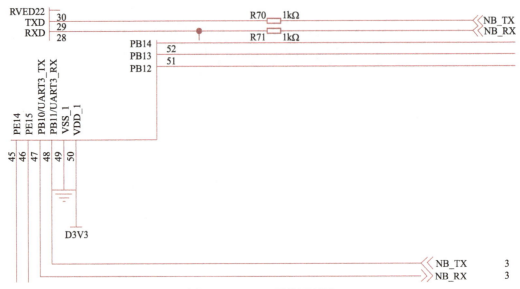

图5-1　NB-IoT通信原理图

实验内容

本实验主要为观察实验，将本实验程序烧写入智能锁系统中，打开串口观察现象，不需要其他操作。

AT命令测试的流程如图5-2所示，发送的命令必须以\r\n（回车换行）结束，否则模块无法识别命令。

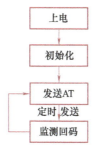

图5-2　AT命令测试流程图

实验步骤

1）正确连接JLINK仿真器到PC和STM32开发板，将传感器正确连接到NB-IoT开发板上。Micro-USB线/串口线一端连接程序下载调试板对应接口，另一端连接PC。

2）用IAR开发环境打开实验例程4.11：Project→Rebuild All重新编译工程。

3）将连接好的硬件平台通电，然后将J-Flash ARM仿真软件与开发板进行软连接。接下来选择Project→Download and debug命令将程序下载到STM32开发板中。

4）下载完后可以选择Debug→Go命令使程序全速运行，也可以将STM32开发板重新上电或者按下复位按钮让刚才下载的程序重新运行。

5）打开串口助手，观察串口助手的打印信息。

实验现象

图5-3是AT命令测试的串口显示，MCU不断的发送命令"AT\r\n"给MCU，MCU回复"\r\nOK\r\n"。

图5-3　AT命令测试串口显示图

5.1.2　NB-IoT开机入网

实验目的

* 了解和掌握NB-IoT模块的入网流程。
* 通过STM32控制板实现NB-IoT模块的入网。

5.1.2　实验源代码

* 知识点掌握：1）了解NB-IoT的基础知识（频段、部署方式、特点等）。
   2）观察流程图，了解NB-IoT开机入网步骤。

实验环境

* STM32控制板、传感器底板、程序下载板、ARM JLINK仿真器、PC以及5V电源。
* 软件：Windows 7/Windows XP，IAR集成环境。

实验原理

全球大多数运营商使用900MHz频段来部署NB-IoT，有些运营商部署在800MHz频段，各运营商的频段见表5-1。

中国联通的NB-IoT部署在900MHz、1800MHz频段，目前只有900MHz可以试验。

中国移动为了建设NB-IoT物联网，将会获得FDD牌照，并且允许重耕现有的900MHz、1800MHz频段。

中国电信的NB-IoT部署在800MHz频段，频率只有5MHz。

表5-1 各运营商的频段表

运营商	上行频率（MHz）	下行频率（MHz）	频宽（MHz）
中国联通	909-915 1745-1765	954-960 1840-1860	6 20
中国移动	890-900 1725-1735	934-944 1820-1830	10 10
中国电信	825-840	870-885	15

NB-IoT直接部署于GSM、UMTS或LTE网络，即可与现有网络基站复用以降低部署成本，实现平滑升级。使用单独的180kHz频段，不占用现有网络的语音和数据带宽，保证传统业务和未来物联网业务可同时稳定、可靠的进行。

NB-IoT的控制与承载分离，信令走控制面，数据走承载面。如果是低速率业务就直接走控制面，不再建立专用承载，省略了NAS与核心网的建链信令流程，缩短唤醒恢复时延。

NB-IoT是可运营的电信网络。这是NB-IoT区别于GPRS、LoRa、Sigfox等技术的关键。

NB-IoT支持3种不同的部署方式，分别是独立部署、保护带部署、带内部署。

独立部署：可以利用单独的频带，适合用于GSM频段的重耕。

保护带部署：可以利用 LTE系统中边缘无用频带。

带内部署：可以利用LTE载波中间的任何资源块。

NB-IoT比LTE和GPRS基站提升了20dB的增益，有可能覆盖到地下车库、地下室、地下管道等信号难以到达的地方。

实验内容

本实验主要为观察实验，将本实验程序烧写入智能锁系统中，打开串口观察现象，不需要其他操作。NB-IoT入网流程如图5-4所示。

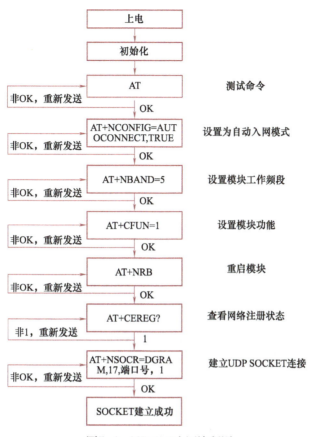

图5-4 NB-IoT入网流程图

指令解析
AT
AT+NCONFIG=AUTOCONNECT, TRUE   //设置为自动入网模式
//TRUE   自动入网
//FALSE   手动入网
AT+NBAND=5   //设置模块工作频段
//5   850MHz频段
//9   900MHz频段
//20   800MHz频段
AT+CFUN=1   //设置模块功能为全功能
AT+NRB   //重启模块
AT+CEREG?   //查看当前网络注册状态
//0   未注册，当前未发现一个可操作的网络
//1   已注册
//2   正在连接，当前未发现有可用的网络，模块正在尝试连接
//3   注册被拒绝
//4   未知网路
//5   已注册，空闲。
AT+NSOCR=DGRAM, 17, 端口号, 1//创建一个SOCKET
注：SOCKET创建成功后，再次创建NB-IoT返回值为ERROR。

实验步骤

1）正确连接JLINK仿真器到PC和STM32开发板，将传感器正确连接到NB-IoT开发板上。Micro-USB线/串口线一端连接程序下载调试板对应接口，另一端连接PC。

2）用IAR开发环境打开实验例程4.13：Project→Rebuild All重新编译工程。

3）将连接好的硬件平台通电，然后将J-Flash ARM仿真软件与开发板进行软连接。接下来选择Project→Download and debug命令将程序下载到STM32开发板中。

4）下载完后可以选择Debug→Go命令程序全速运行，也可以将STM32开发板重新上电或者按下复位按钮让刚才下载的程序重新运行。

5）打开串口助手，观察串口打印信息。

实验现象

NB-IoT入网实验的串口显示如图5-5所示，包含了AT命令以及回码的显示。

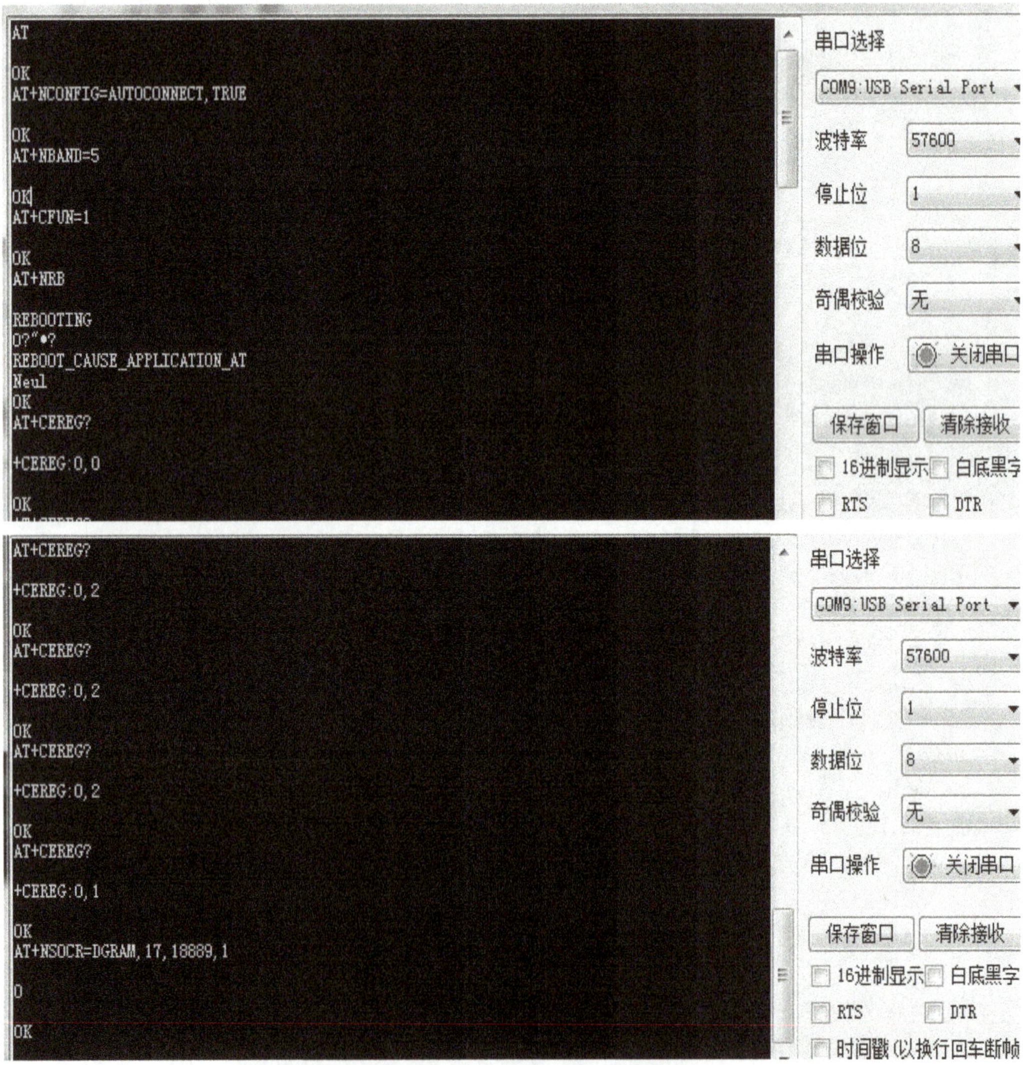

图5-5　NB-IoT入网实验串口显示图

5.1.3 NB-IoT接收数据

实验目的

* 了解和掌握NB-IoT模块接收数据原理。
* 通过STM32控制板接收网络数据。

5.1.3 实验源代码

* 知识点掌握：1）了解NB-IoT的低功耗模式（UE、TAU、Activer Timer）。
  2）观察流程图，了解NB-IoT接收数据的流程。
  3）了解NB-IoT向串口发送的信息的含义。

实验环境

* STM32控制板、传感器底板、程序下载板、ARM JLINK仿真器、PC以及5V电源。
* 软件：Windows 7/Windows XP，IAR集成环境。

实验原理

NB-IoT模块采用PSM的低功耗模式，如图5-6所示，是3GPP R12引入的技术，其原理是允许UE在进入空闲态一段时间后，关闭信号的收发和AS（接入层）相关功能，相当于部分关机，从而减少天线、射频、信令处理等的功耗消耗。

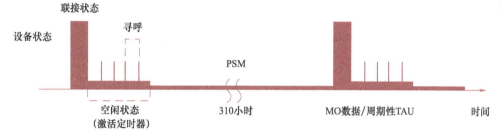

图5-6 PSM的低功耗模式待机图

UE在PSM期间，不接收任何网络寻呼，对于网络侧来说，UE此时是不可达的，数据、短信、电话均进不来。只有当TAU周期请求定时器（T3412）超时，或者UE有MO业务要处理而主动退出时，UE才会退出PSM模式，进入空闲态，进而进入连接态来处理上下行业务。

TAU周期请求定时器（T3412）由网络侧在ATTCH和TAU消息中指定，3GPP规定默认为54min，最大可达310h。

那么UE处理完数据之后，什么时候进入PSM模式呢？这是由另一个定时器Activer Timer（T3324，0-255s）决定的。UE处理完成数据之后，RRC连接会被释放、进入空闲态，与此同时启动Active Timer，此Timer超时后，UE即进入上述PSM模式。

设备进入PSM之后，HOST是随时可以唤醒模块的，只是在PSM的时候，网络端是无法到达设备的。

实验内容

本实验主要为观察实验，将本实验程序烧写入智能锁系统中，打开串口观察现象，不需要其他操作。NB-IoT接收数据流程如图5-7所示。

当NB-IoT模块接收到网络数据后，会通过串口向MCU发送一个提示信息，+NSONMI：<socket>，<length>。

<socket>即发送AT+NSOCR创建SOCKET后返回的值。

<length>为接收到的数据的长度。

发送AT+NSORF=<socket>，<req_length>命令可以从NB-IoT模块中读取数据。
<socket>即发送AT+NSOCR创建SOCKET后返回的值。
<length>为读取的数据长度。
返回的值为<socket><ip_addr><port><length><data><remaining_length>。
<socket>即发送AT+NSOCR创建SOCKET后返回的值。
<ip_addr>为信息发送者的IP地址。
<port>为接收到数据的端口号。
<length>为接收到的长度。
<data>为接收到的数据。
<remaining_length>为还未读取的长度。

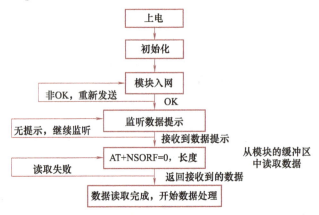

图5-7　NB-IoT接收数据流程图

当NB-IoT模块已经提示过有信息后，MCU并没有从NB-IoT模块中读取数据，当NB-IoT模块再次接收到数据之后不会再向MCU发送提示信息。NB-IoT模块的数据缓存区中最多只能保存一组数据，数据的最大长度为512B。

实验步骤

1）正确连接JLINK仿真器到PC和STM32开发板，将传感器正确连接到NB-IoT开发板上。Micro-USB线/串口线一端连接程序下载调试板对应接口，另一端连接PC。

2）用IAR开发环境打开实验例程4.14：Project→Rebuild All重新编译工程。

3）将连接好的硬件平台通电，然后将J-Flash ARM仿真软件与开发板进行软连接。接下来选择Project→Download and debug命令将程序下载到STM32开发板中。

4）下载完后可以选择Debug→Go命令使程序全速运行，也可以将STM32开发板重新上电或者按下复位按钮让刚才下载的程序重新运行。

5）在平台上下发数据，打开串口助手，观察串口助手打印的信息。

实验现象

串口显示如图5-8所示。

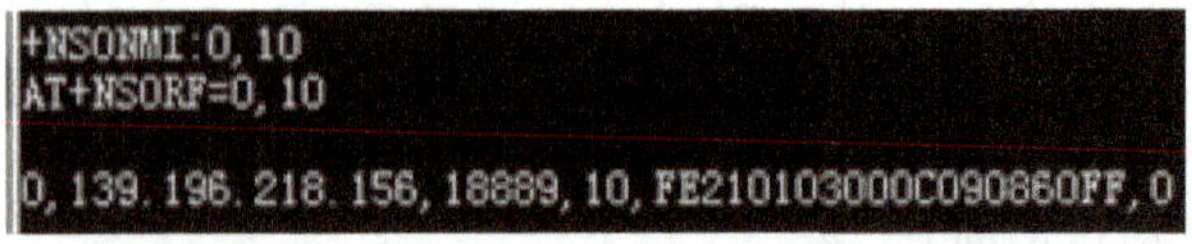

图5-8　NB-IoT接收数据实验串口显示图

5.1.4 NB-IoT发送数据

实验目的
* 了解和掌握NB-IoT模块发送数据原理。
* 通过STM32控制板实现NB-IoT数据发送实验。
* 知识点掌握：1）了解NB-IoT的上行物理信道。
　　　　　　　2）观察流程图，了解NB-IoT发送数据的流程。

5.1.4　实验源代码

实验环境
* STM32控制板、传感器底板、程序下载板、ARM JLINK仿真器、PC以及5V电源。
* 软件：Windows 7/Windows XP，IAR集成环境。

实验原理

NB-IoT的上行物理信道包括：

NPUSCH（Narrow-band Physical Uplink Shared Channel）：窄带物理上行共享信道，用于传输上行数据。和LTE相同，NPUSCH信道处理过程通过加干扰、调制、层映射、变换编码、预编码、资源映射等几个步骤。

NPRACH（Narrow-band Physical Random Access Channel）：窄带物理随机接入信道，用于UE发送接入消息。

NB-IoT上行功率控制仅支持开环功率控制，功率控制应用于窄带上行物理共享信道（NPUSCH）和窄带物理随机接入信道（NPRACH）。NB-IoT物理信道关系如图5-9所示。

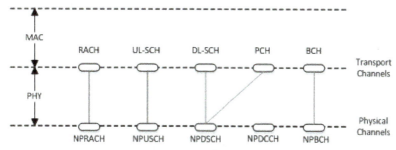

图5-9　NB-IoT物理信道关系图

实验内容

本实验主要为观察实验，将本实验程序烧写入智能锁系统中，打开串口观察现象，不需要其他操作。NB-IoT发送数据流程如图5-10所示。

这里涉及了较深的网络知识，在使用时可以了解一下，需要知道发送数据的时候使用AT+NSOST=socket，remote_addr，remote_port，length，data命令发送UDP信息。

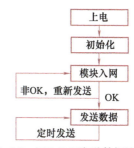

图5-10　NB-IoT发送数据流程图

<socket>：执行AT+NSOCR命令返回的socket。
<remote_addr>：IPv4，点分十进制记法表示的IP地址。
<remote_port>：远程端口，用于接收UDP消息，范围是0-65535。
<length>：发送的十进制数据长度。
<data>：接收的十六进制数据。

发送的数据需要转换为十六进制发送，例如，发送两个字节0xAA，0xBB。发送的命令为AT+NSOST=socket，IP，端口，2，AABB。

实验步骤

1）正确连接JLINK仿真器到PC和STM32开发板，将传感器正确连接到NB-IoT开发板上。Micro-USB线/串口线一端连接程序下载调试板对应接口，另一端连接PC。

2）用IAR开发环境打开实验例程4.15：Project→Rebuild All重新编译工程。

3）将连接好的硬件平台通电，然后将J-Flash ARM仿真软件与开发板进行软连接。接下来选择Project→Download and debug命令将程序下载到STM32开发板中。

4）下载完后可以选择Debug→Go命令使程序全速运行，也可以将STM32开发板重新上电或者按下复位按钮让刚才下载的程序重新运行。

5）在平台上观察MCU发送的数据，也可以打开串口助手，观察打印信息。

实验现象

串口打印信息如图5-11所示，包含了AT命令以及回码。

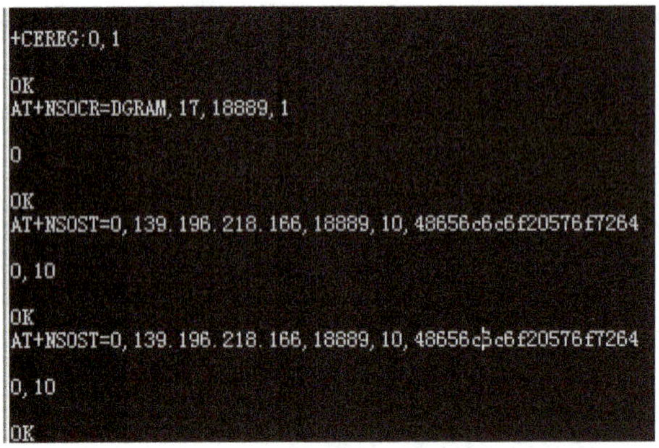

图5-11 NB-IoT发送数据实验串口显示图

5.1.5 系统测试实验

实验目的

* 了解和掌握如何控制NB-IoT模块。
* 通过STM32控制板实现NB-IoT模块的收发实验。

5.1.5 实验源代码

* 知识点掌握：1）了解NB-IoT的登录命令与下行授时的数据帧格式，更多了解请查看"网络通信协议"。

　　　　　　2）观察流程图，了解NB-IoT收发数据的流程。

实验环境

* STM32控制板、传感器底板、程序下载板、ARM JLINK仿真器、PC以及5V电源。
* 软件：Windows 7/Windows XP，IAR集成环境。

实验原理

登录以及授时的数据帧格式如表5-2及表5-3所示。

登录：

表5-2 NB-IoT登录数据帧格式

地址 1B	功能代码 1B	子功能数据量 1B	子功能内容 3B	数据长度 1B	数据内容 22B	CRC 1B
0x05	0x01	0x03	0x01+BB		GPS数据	校验码

下行：中心确认回复。

下行授时：登录→登录回复→授时。

表5-3 NB-IoT授时数据帧格式

地址 1B	功能代码 1B	子功能数据量 1B	子功能数据	数据长度 1B	数据内容	CRC 1B
0x21	0x05	0x03	0x01+BB	0x19	YY/MM/DD,hh:mm:ss+zz+0x01+BB	校验码

实验内容

本实验主要为观察实验，将本实验程序烧写入智能锁系统中，打开串口观察现象，不需要其他操作。NB-IoT收发数据流程如图5-12所示。

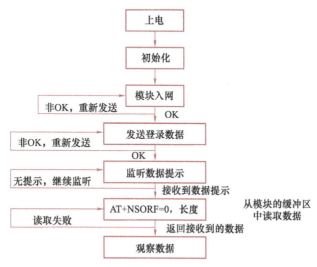

图5-12 NB-IoT收发数据流程图

注：在使用时IP地址、端口号以及登录命令是固定的，不能私自更改，如果更改将不会回复信息。

实验步骤

1）正确连接JLINK仿真器到PC和STM32开发板，将传感器正确连接到NB-IoT开发板上。Micro-USB线/串口线一端连接程序下载调试板对应接口,另一端连接PC。

2)用IAR开发环境打开实验例程4.16：Project→Rebuild All重新编译工程。

3)将连接好的硬件平台通电,然后将J-Flash ARM仿真软件与开发板进行软连接。接下来选择Project→Download and debug命令将程序下载到STM32开发板中。

4)下载完后可以选择Debug→Go命令使程序全速运行,也可以将STM32开发板重新上电或者按下复位按钮让刚才下载的程序重新运行。

5)打开串口助手,观察串口打印信息。

实验现象

登录→回复→授时的串口打印如图5-13所示。

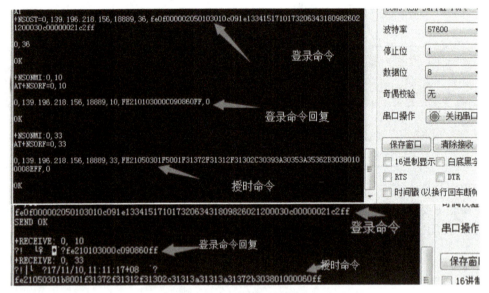

图5-13　NB-IoT登录授时显示图

登录完成后会在平台上看到设备显示"在线",如图5-14所示。

图5-14　平台登录显示图

希望收到其他数据可以在平台上点击其他按钮,例如,更新定位数据可以点击"更新GPS"按钮,如图5-15所示。

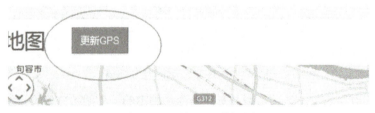

图5-15　更新GPS按钮图

注：NB-IoT模块存在休眠时间,如果20s不操作NB-IoT模块,模块将自动进入休眠,唤醒方法需要模块主动向网络发送数据。(平台不能主动唤醒NB-IoT模块)

5.2 GPRS模块

5.2.1 GPRS串口驱动

实验目的

* 了解和掌握如何控制GPRS。
* 通过STM32控制板实现GPRS的驱动实验。
* 知识点掌握：1）了解STM32与GPRS模块的通信方式（USART）。
　　　　　　　2）掌握USART、TIM的配置以及中断函数编写。

实验环境

* STM32控制板、传感器底板、程序下载板、ARM JLINK仿真器、PC以及5V电源。
* 软件：Windows 7/Windows XP，IAR集成环境。

实验原理

GPRS模块通信原理图如图5-16所示，GPRS模块与外接MCU的通信方式为USART通信。从图5-16可以看到需要驱动的为UART2，因此只要驱动了UART2就可实现GPRS与MCU之间的通信。

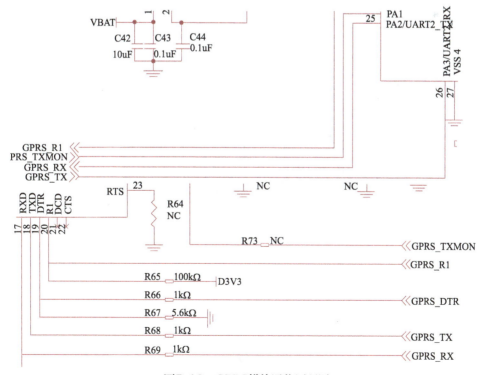

图5-16　GPRS模块通信原理图

实验内容

本实验主要为观察实验，将本实验程序烧写入智能锁系统中，打开串口观察现象，不需要其他操作。GPRS模块AT命令测试流程如图5-17所示。

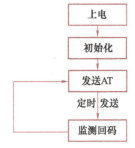

实验步骤

1）正确连接JLINK仿真器到PC和STM32开发板，将传感器正确连接到NB-IoT开发板上。Micro-USB线/串口线一端连接程序下载调试板对应接口，另一端连接PC。

图5-17　GPRS模块AT命令测试流程图

2）用IAR开发环境打开实验例程4.31：Project→Rebuild All重新编译工程。

3）将连接好的硬件平台通电，然后将J-Flash ARM仿真软件与开发板进行软连接。接下来选择Project→Download and debug命令将程序下载到STM32开发板中。

4）下载完后可以选择Debug→Go命令使程序全速运行，也可以将STM32开发板重新上电或者按下复位按钮让刚才下载的程序重新运行。

实验现象

AT命令测试的串口显示如图5-18所示，MCU不断的发送命令"AT\r\n"给MCU，MCU回复"\r\nOK\r\n"。

图5-18　AT命令测试串口显示图

5.2.2　GPRS开机入网

实验目的

* 了解和掌握如何控制GPRS模块。
* 通过STM32控制板实现GPRS的入网实验。
* 知识点掌握：1）了解GPRS的基础知识。

　　　　　　　2）观察流程图，了解GPRS开机入网流程。

　　　　　　　3）了解各指令所对应的功能。

第5章 NB-IoT实验设备通信模块研究与使用

实验环境

* STM32控制板、传感器底板、程序下载板、ARM JLINK仿真器、PC以及5V电源。
* 软件：Windows 7/Windows XP，IAR集成环境。

实验原理

GPRS（General Packet Radio Service）是通用分组无线服务技术的简称，它是GSM移动电话用户可用的一种移动数据业务，属于第二代移动通信中的数据传输技术。GPRS可以说是GSM的延续。GPRS和以往连续传输的方式不同，是以封包（Packet）方式来传输，因此使用者所负担的费用是以其传输资料的单位计算，并非使用整个频道，理论上较为便宜。GPRS的传输速率可提升至56甚至114kbit/s。

移动通信技术从第一代的模拟通信系统发展到第二代的数字通信系统，以及之后的3G、4G、5G，正以突飞猛进的速度发展。在第二代移动通信技术中，GSM的应用最广泛。但是GSM系统只能进行电路域的数据交换，且最高传输速率为9.6kbit/s，难以满足数据业务的需求。因此，欧洲电信标准委员会（European Telecommunications Standards Institute，ETSI）推出了GPRS。

分组交换技术是计算机网络上一项重要的数据传输技术。为了实现从传统语音业务到新兴数据业务的支持，GPRS在原GSM网络的基础上叠加了支持高速分组数据的网络，向用户提供WAP浏览E-mail等功能，推动了移动数据业务的初次飞跃发展，实现了移动通信技术和数据通信技术（特别是Internet技术）的完美结合。

GPRS是介于2G和3G之间的技术，也被称为2.5G。后面还有EDGE，被称为2.75G。它们为实现从GSM向3G的平滑过渡奠定了基础。GPRS模块应用如图5-19所示。

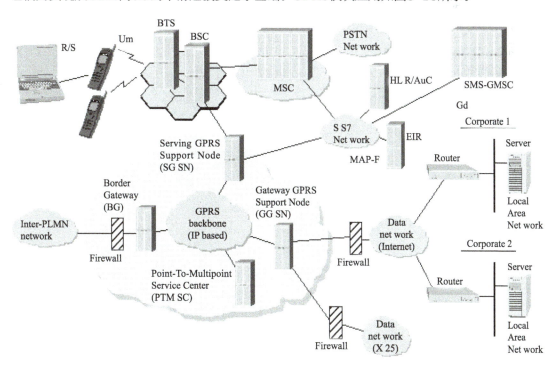

图5-19 GPRS模块应用示意图

实验内容

本实验主要为观察实验，将本实验程序烧写入智能锁系统中，打开串口观察现象，不需要其他操作。

GPRS开机入网流程如图5-20所示。

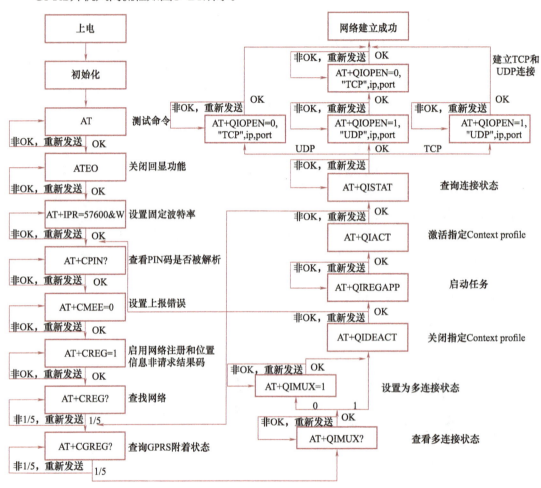

图5-20　GPRS开机入网流程图

开机流程：
模块上电，确保供电稳定；
拉低PWRKEY引脚，2s后释放置高。
关机流程：
开始关机流程。
拉低PWRKEY引脚1s。
延迟15s。
模块断电。
指令解析。
对应代码如下。

```
ATE0                //关闭回显功能  即串口不会回显发送的命令
AT+IPR=57600&W      //设置固定波特率
AT+CPIN?            //查看PIN码是否被解析，解析SIM是否有效
AT+CMEE=0           //设置上报错误
AT+CREG=1           //启动网络注册非请求结果码，即当网络注册状态发生变化，模
                      块主动会上报。
AT+CREG?            //用户终端返回结果码显示状态
0   未注册；ME 当前没有搜索到要注册业务的新营运商
1   已注册，本地网
2   未注册，但 ME 正在搜索要注册业务的新营运商
3   注册被拒绝
4   未知
5   已注册，漫游
AT+QIMUX?           //查看多连接状态
单链接
多连接
AT+QIMUX=1          //设置模块连接方式为多路连接，多连接可以同时创建TCP和
UDP2路连接
AT+QIDEACT          //关闭指定Context profile，可关闭除IP INITIAL状态的任何
                      GPRS/CSD PDP场景。关闭成功后，状态恢复至IP INITIAL
AT+QIREGAPP         //启动任务并设置接入点APN、用户名和密码
//当且仅当ME处于IP INITIAL状态时，执行命令和配置命令操作有效，操作成功后ME状态
   将变化为IP START。
AT+QICSGP           //控制该执行命令参数的默认值
AT+QIACT            //激活移动场景或发起GPRS/CSD无线连接
//只有在IP START状态下才能操作并激活移动场景，执行后状态变化为IP CPNFIG。
//在ME接收激活场景后，如果移动场景激活成功，状态变化为IP GPRSACT，返回OK，否
   则返回ERROR
AT+QISTAT           //查看当前Server状态
AT+QIOPEN=0，"TCP"，IP，PORT           //在通道0根据IP和PORT创建TCP连接
//可以同时创建TCP和UDP两路连接。
```

实验步骤

1）正确连接JLINK仿真器到PC和STM32开发板，将传感器正确连接到NB-IoT开发板上。Micro-USB线/串口线一端连接程序下载调试板对应接口，另一端连接PC。

2）用IAR开发环境打开实验例程4.32：Project→Rebuild All重新编译工程。

3）将连接好的硬件平台通电，然后将J-Flash ARM仿真软件与开发板进行软连接。接下来选择Project→Download and debug命令将程序下载到STM32开发板中。

4）下载完后可以选择Debug→Go命令使程序全速运行，也可以将STM32开发板重新上电或者按下复位按钮让刚才下载的程序重新运行。

5）打开串口助手，观察打印信息。

实验现象

GPRS开机入网实验的串口打印显示如图5-21所示，包含了开机入网流程的一些AT命令以及回码。

图5-21　GPRS开机入网实验串口显示图

5.2.3　GPRS接收数据

实验目的

* 了解和掌握如何控制GPRS。
* 通过STM32控制板实现GPRS接收数据实验。
* 知识点掌握：1）了解两种获取GPRS接收到的数据的方式，重点掌握命令提取数据的方式，了解相应命令。

　　　　　　　2）观察流程图，了解GPRS接收数据流程。

实验环境

* STM32控制板、传感器底板、程序下载板、ARM JLINK仿真器、PC以及5V电源。
* 软件：Windows 7/Windows XP，IAR集成环境。

实验原理

1．数据直接输出到串口

默认情况下，模块接收到TCP数据都是直接通过串口输出，不带任何头和尾。为了将TCP数据与AT命令返回或URC区分开来，建议增加头信息。最好在TCP连接建立之前就设置好。

在这种数据接收方式下，数据一收到就立即通知串口输出。这有时难免会出现接收到的数据插入AT命令中间的情况。在目前的设计中，通过超时处理来避免接收到的数据打断一个完整的AT数据，但是还是不能避免将数据和该命令隔开。

2．通过命令提取接收到的数据

在这种方式下，模块接收到TCP数据或UDP数据，不是立即通过串口输出数据，而是输出一个URC通知客户，客户可以随时通过命令提取接收到的TCP数据。默认情况下是不支持这种数据接收方式的，需要在建立TCP连接之前执行AT+QINDI=1使能这种方式。

实验内容

本实验主要为观察实验，将本实验程序烧写入智能锁系统中，打开串口观察现象，不需要其他操作。图5-22是GPRS接收数据的流程。

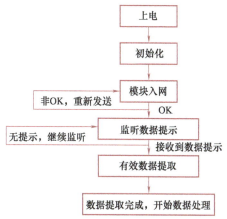

图5-22　GPRS接收数据流程图

AT+QINDI=<m>

<m>数字参数：表明是否缓存接收到的数据。

0　不缓存，接收到数据直接输出至串口。

1　缓存模式1，接收到数据将会向串口上报提示，格式为：

+QIRDI: <id>,<sc>,<sid>（此时可以通过AT+QIRD读取缓存的数据）。

2　缓存模式2，接收到数据将会向串口上报提示，格式为：

+QIRDI: <id>,<sc>,<sid>,<num>,<len>,<tlen>。每个Socket将建立一个缓存，接收的数据将被保存在缓存中，直到通过AT+QIRD读取缓存的数据，缓存数据不应超过400KB。

本实验使用的是不缓存模式。在接收到TCP数据时GPRS模块会提示+RECEIVE: 0, data 0为通路口，与AT+QIOPEN=0,"TCP",IP,PORT命令创建的连接相关。

实验步骤

1）正确连接JLINK仿真器到PC和STM32开发板，将传感器正确连接到NB-IoT开发板上。Micro-USB线/串口线一端连接程序下载调试板对应接口，另一端连接PC。

2）用IAR开发环境打开实验例程4.33：Project→Rebuild All重新编译工程。

3）将连接好的硬件平台通电，然后将J-Flash ARM仿真软件与开发板进行软连接。接下来选择Project→Download and debug命令将程序下载到STM32开发板中。

4）下载完后可以选择Debug→Go命令程序全速运行，也可以将STM32开发板重新上电或者按下复位按钮让刚才下载的程序重新运行。

5）打开串口助手，观察接收到的数据。

实验现象

在平台单击"开锁"按钮，GPRS模块接收到数据，串口打印信息如图5-23所示。

图5-23　GPRS接收数据串口显示图

5.2.4　GPRS发送数据

实验目的

* 了解和掌握如何控制GPRS模块。
* 通过STM32控制板实现GPRS的数据发送实验。
* 知识点掌握：1）了解GPRS发送数据的两种模式（不指定长度发送、指定长度发送，对于两种方式的注意事项加以理解）。

　　　　　　　2）观察流程图，了解GPRS发送数据流程。

实验环境
* STM32控制板、传感器底板、程序下载板、ARM JLINK仿真器、PC以及5V电源。
* 软件：Windows 7/Windows XP，IAR集成环境。

实验原理

1. 不指定长度发送

在不指定长度发送模式下，在需要发送的数据后需要添加<Ctrl+Z>表明请求发送已输入的数据。每次最多可以输入1460B的数据，在这种方式下，有几个特殊字符不能发送。0x08（Back Space），模块收到这个字符时，将会删除上一个输入的字符。0x1A（Ctrl+Z），模块收到这个字符时，会停止接收后面的字符，并将之前收到的数据发送出去。0x1B（Esc），模块收到这个字符后，会退出此次发送操作。

可以通过命令来查看数据是否已经发送成功。AT+QISACK，例如，+QISACK: 4，4，0，前面两个参数分别是已经发送的数据长度和已确认发送成功的数据长度，最后一个参数是尚未确认发送成功的数据长度，如果这个长度为0，表明所有数据都已发送成功。该命令在UDP方式下没有实际意义，因为UDP本身就是无连接的，不能确定数据有没有成功发送，所以在UDP方式下，执行该命令，会发现中间的参数一直为0。

2. 指定长度发送

发送命令包含了需要发送的长度，当输入的字符长度等于设置的长度时，模块会发送数据，否则等待继续输入数据，直到输入缓冲区的数据长度与设定值相等。

注：因为底层Socket的发送窗口长度有7300，因此，不一定要等到所有数据都已经确认（即命令AT+QISACK返回的最后一个参数为0），再发下一包。考虑到一个TCP的最大长度为1448，建议可以设置一个阈值3000。如果没有确认数据长度（命令AT+QISACK返回的最后一个参数）小于3000，就继续使用命令AT+QISEND发送下一段报文，如果超过3000，则停止发送，然后每隔5s执行命令AT+QISACK查询一次，返回的最后一个参数小于3000，就继续发送数据。如果查询到一定次数（如20次，相当于超时100s）后，返回的最后一个参数一直大于3000，则可以认为TCP连接出现异常。关闭此次连接，重新建立TCP连接，继续发送之前一直没有确认的数据和接下来需要发送的数据。

实验内容

本实验主要为观察实验，将本实验程序烧写入智能锁系统中，打开串口观察现象，不需要其他操作。GPRS发送数据流程如图5-24所示。

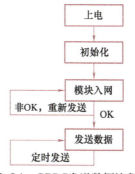

图5-24 GPRS发送数据流程图

本实验使用的为指定长度发送模式。因为发送的数据量不大，因此没必要发送AT+

QISACK命令去查询发送结果。

AT+QISEND=通道，长度　　　　//发送数据命令（指定长度）

通道是创建连接使用的通道号。

命令被识别后会返回'>'号，表示可以发送数据。之后输入需要发送的数据，长度要与发送命令的参数长度值相同。当输入数据的长度与命令后的参数长度相同时，模块会将输入的数据发送出去。发送完成后会返回"SEND OK"字符串。

实验步骤

1）正确连接JLINK仿真器到PC和STM32开发板，将传感器正确连接到NB-IoT开发板上。Micro-USB线/串口线一端连接程序下载调试板对应接口，另一端连接PC。

2）用IAR开发环境打开实验例程4.34：Project→Rebuild All重新编译工程。

3）将连接好的硬件平台通电，然后将J-Flash ARM仿真软件与开发板进行软连接。接下来选择Project→Download and debug命令将程序下载到STM32开发板中。

4）下载完后可以选择Debug→Go命令使程序全速运行，也可以将STM32开发板重新上电或者按下复位按钮让刚才下载的程序重新运行。

5）打开串口工具，观察串口打印信息。

实验现象

GPRS发送数据实验串口打印信息如图5-25所示。

图5-25　GPRS发送数据实验串口显示图

5.2.5　系统测试实验

实验目的

* 了解和掌握如何控制GPRS模块。
* 通过STM32控制板实现GPRS的数据收发实验。
* 知识点掌握：1）了解GPRS的登录命令与下行授时的数据帧格式，更多了解请查看"网络通信协议"。

　　　　　　2）观察流程图，了解GPRS收发数据的流程。

实验环境

* STM32控制板、传感器底板、程序下载板、ARM JLINK仿真器、PC以及5V电源。
* 软件：Windows 7/Windows XP，IAR集成环境。

实验原理

登录以及授时的数据帧格式如表5-4及表5-5所示。

登录：

表5-4　GPRS登录数据帧格式

地址 1B	功能代码 1B	子功能数据量 1B	子功能内容 3B	数据长度 1B	数据内容 22B	CRC 1B
0x05	0x01	0x03	0x01+BB		GPS数据	校验码

下行：中心确认回复；

下行授时：登录→登录回复→授时。

表5-5　GPRS授时数据帧格式

地址 1B	功能代码 1B	子功能数据量 1B	子功能数据	数据长度 1B	数据内容	CRC 1B
0x21	0x05	0x03	0x01+BB	0x19	YY/MM/DD, hh:mm:ss+zz +0x01+BB	校验码

实验内容

本实验主要为观察实验，将本实验程序烧写入智能锁系统中，打开串口观察现象，不需要其他操作。GPRS收发数据流程如图5-26所示。

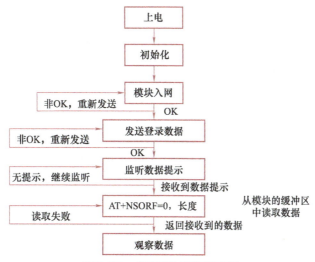

图5-26　GPRS收发数据流程

注：在使用时IP地址、端口号以及登录命令是固定的，不能私自更改，如果更改将不会有回复信息。

实验步骤

1）正确连接JLINK仿真器到PC和STM32开发板，将传感器正确连接到NB-IoT开发板上。Micro-USB线/串口线一端连接程序下载调试板对应接口，另一端连接PC。

2）用IAR开发环境打开实验例程4.35：Project→Rebuild All重新编译工程。

3）将连接好的硬件平台通电，然后将J-Flash ARM仿真软件与开发板进行软连接。接下来选择Project→Download and debug命令将程序下载到STM32开发板中。

4）下载完后可以选择Debug→Go命令使程序全速运行，也可以将STM32开发板重新上电或者按下复位按钮让刚才下载的程序重新运行。

5）打开串口助手，观察串口助手打印信息。

实验现象

登录→回复→授时的串口打印如图5-27所示。

登录完成后会在平台上看到设备显示"在线"，如图5-28所示。

希望收到其他数据可以在平台上单击"其他"按钮，更新定位数据可以单击"更新GPS"按钮，如图5-29所示。

图5-27　GPRS登录授时显示图

图5-28　平台登录显示图

图5-29　更新GPS按钮图

更新GPS后的串口显示如图5-30所示。

图5-30　更新GPS串口显示图

5.3　GPS模块简介

5.3.1　GPS串口驱动

实验目的

* 了解和掌握如何控制GPS模块。
* 通过STM32控制板实现驱动GPS模块实验。
* 知识点掌握：1）了解STM32与GPS模块的通信方式（USART）。
  2）掌握USART、TIM的配置以及中断函数编写。

实验环境

* STM32控制板、传感器底板、程序下载板、ARM JLINK仿真器、PC以及5V电源。
* 软件：Windows 7/Windows XP，IAR集成环境。

实验原理

GPS模块通信的原理图如图5-31所示。GPS模块与外接MCU的通信方式为USART通信。可以看到需要驱动的为UART5，因此只要驱动了UART5就可实现GPS与MCU之间的通信。

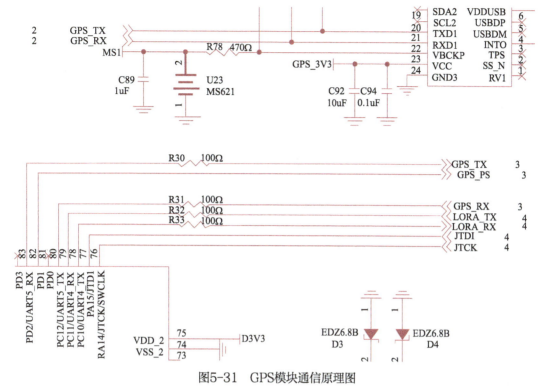

图5-31　GPS模块通信原理图

实验内容

本实验主要为观察实验，将本实验程序烧写入智能锁系统中，打开串口观察现象，不需要其他操作。

GPS模块驱动配置流程如图5-32所示。

实验步骤

1）正确连接JLINK仿真器到PC和STM32开发板，将传感器正确连接到NB-IoT开发板上。Micro-USB线/串口线一端连接程序下载调试板对应接口，另一端连接PC。

2）用IAR开发环境打开实验例程4.41：Project→Rebuild All重新编译工程。

3）将连接好的硬件平台通电，然后将J-Flash ARM仿真软件与开发板进行软连接。接下来选择Project→Download and debug命令将程序下载到STM32开发板中。

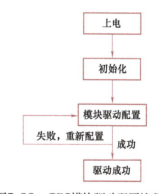

图5-32　GPS模块驱动配置流程图

4）下载完后可以选择Debug→Go命令使程序全速运行，也可以将STM32开发板重新上电或者按下复位按钮让刚才下载的程序重新运行。

实验现象

GPS模块定位数据串口显示如图5-33所示，GPS模块成功工作时会在串口打印定位数据。

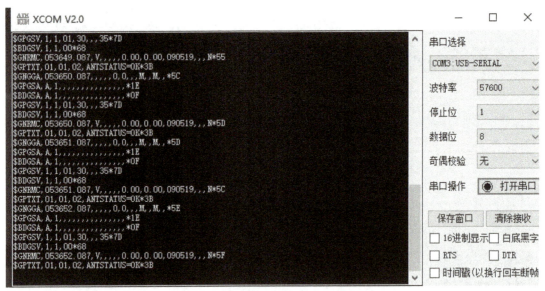

图5-33 GPS模块定位数据串口显示图

5.3.2 GPS定位模式

实验目的

* 了解和掌握如何控制VK2525模块。
* 通过STM32控制板实现设置VK2525模式实验。
* 知识点掌握：1）了解VK2525模块的3种定位方式及相应命令。
　　　　　　　2）观察流程图，了解VK2525模块的模式设置流程。

实验环境

* STM32控制板、传感器底板、程序下载板、ARM JLINK仿真器、PC以及5V电源。
* 软件：Windows 7/Windows XP，IAR集成环境。

实验原理

GPS模块的原理如图5-34所示，GPS模块的部分引脚定义见表5-6。

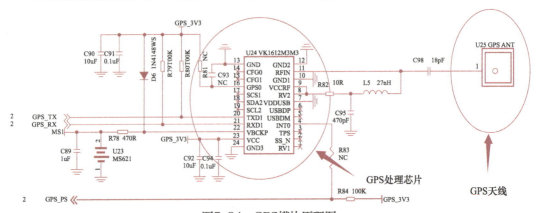

图5-34 GPS模块原理图

表5-6 GPS模块部分管脚定义

名称	描述
VCC	系统主电源，供电电压为3.3～5V，工作时消耗电流约30mA
TX	UART/TTL接口
RX	UART/TTL接口
GND	接地

定位模块与MCU通过串口连接，只要通过串口向GPS模块发送命令即可设置定位模块的定位方式。

VK2525模块有3种定位方式可以设置，分别为GPS、北斗、GNSS模式。对应的命令为：

$PMTK353,1,0,0,0,0*2A<CR><LF>   //GPS模式
$PMTK353,0,0,0,0,1*2A<CR><LF>   //北斗模式
$PMTK353,1,0,0,0,1*2B<CR><LF>   //GNSS模式

实验内容

本实验主要为观察实验，将本实验程序烧写入智能锁系统中，打开串口观察现象，不需要其他操作。GPS的3种配置模式如图5-35所示。

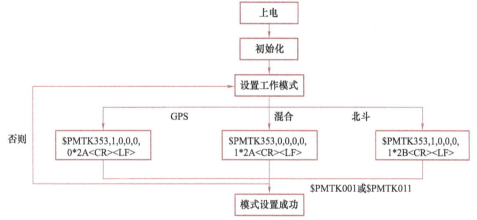

图5-35 GPS模式配置图

串口发送命令后需要加'\r\n'，否则定位模块无法识别命令。

当设置命令成功后，定位模块会返回$PMTK001或者$PMTK011，可以据此判断是否设置成功。

注：为了使定位模块能完全启动，定位模块在上电后需要等待3s的时间。

当设置为GPS模式后，定位模块会返回以GP开头的数据。
当设置为北斗模式后，定位模块会返回以BD开头的数据。
当设置为GNSS模式后，定位模块会返回以GN开头的数据。

实验步骤

1）正确连接JLINK仿真器到PC和STM32开发板，将传感器正确连接到NB-IoT开发板上。Micro-USB线/串口线一端连接程序下载调试板对应接口，另一端连接PC。

2）用IAR开发环境打开实验例程4.42：Project→Rebuild All重新编译工程。

3）将连接好的硬件平台通电，然后将J-Flash ARM仿真软件与开发板进行软连接。接

下来选择Project→Download and debug命令将程序下载到STM32开发板中。

4）下载完后可以选择Debug→Go命令使程序全速运行，也可以将STM32开发板重新上电或者按下复位按钮让刚才下载的程序重新运行。

5）打开串口助手，观察串口助手的打印信息。

实验现象

设置为GPS模式和北斗模式的串口打印显示图分别如图5-36和图5-37所示。

```
$PMTK001,353,3,1,0,0,0,0,1*35
$GPGGA,235944.800,,,,,0,0,,,M,,M,,*4D
$GPGSA,A,1,,,,,,,,,,,,,,,,*1E
$GPGSV,1,1,04,14,,,49,16,,,49,26,,,52,31,,,48*72
$GPRMC,235944.800,V,,,,,0.00,0.00,050180,,,N*44
$GPTXT,01,01,02,ANTSTATUS=OK*3B
```

图5-36　GPS定位模式图

```
$GNGGA,235942.800,,,,,0,0,,,M,,M,,*55
$GPGSA,A,1,,,,,,,,,,,,,,,,*1E
$BDGSA,A,1,,,,,,,,,,,,,,,,*0F
$GPGSV,1,1,02,14,,,47,16,,,47*79
$BDGSV,1,1,01,06,,,39*65
$GNRMC,235942.800,V,,,,,0.00,0.00,050180,,,N*5C
$GPTXT,01,01,02,ANTSTATUS=OK*3B
$PMTK001,353,3,0,0,0,0,1,48*08
$BDGGA,235943.800,,,,,0,0,,,M,,M,,*5B
$BDGSA,A,1,,,,,,,,,,,,,,,,*0F
$BDGSV,1,1,03,09,,,42,07,,,36,06,,,38*6B
$BDRMC,235943.800,V,,,,,0.00,0.00,050180,,,N*52
$GPTXT,01,01,02,ANTSTATUS=OK*3B
$BDGGA,235944.800,,,,,0,0,,,M,,M,,*5C
$BDGSA,A,1,,,,,,,,,,,,,,,,*0F
$BDGSV,1,1,01,06,,,37*6B
$BDRMC,235944.800,V,,,,,0.00,0.00,050180,,,N*55
```

图5-37　北斗定位模式图

刚开始的时候会打印以GP、GN、BD开头的数据，当设置完成后，只打印以BD开头的数据。（GPTXT为提示信息，非定位信息。）

5.3.3　GPS定位数据解析

实验目的

- 了解和掌握如何控制VK2525模块。
- 通过STM32控制板实现VK2525数据的解析实验。
- 知识点掌握：1）了解VK2525模块输出信息的含义。
  2）了解VK2525模块经纬度转换的计算方法。

实验环境

- STM32控制板、传感器底板、程序下载板、ARM JLINK仿真器、PC以及5V电源。
- 软件：Windows 7/Windows XP，IAR集成环境。

实验原理

输出信息：

GGA：时间、位置、定位类型。

GLL：经度、纬度、UTC时间。

GSA：GPS接收机操作模式，定位使用的卫星，DOP值。
GSV：可见GPS卫星信息、仰角、方位角、信噪比（SNR）。
RMC：时间、日期、位置、速度。
VTG：地面速度信息。
MSS：信号强度等。
注意：输出的信息、频率与设置有关。
样例数据：
$GPRMC,061831.000,A,2236.9152,N,11403.2422,E,0.00,,130214,,,D*76
输出信息的解释见表5-7。

表5-7 GPS输出信息解释

名称	样例	单位	描述
消息ID	$GPRMC		RMC协议头
UTC时间	061831.000		hhmmss.sss
状态	A		A=数据有效；V=数据无效
纬度	2236.9152		ddmm.mmmm
N/S指示	N		N=北，S=南
经度	11403.2422		dddmm.mmmm
E/W指示	E		W=西，E=东
地面速度	0.00	knot（节）	
方位		度	
日期	130214		ddmmyy
磁变量			
校验和	D*76		
<CR><LF>			消息结束

经纬度转换：
$GPRMC,060556.00,A,2236.9141,N,11403.2466,E,0.034,,130214,,,D*7F
经纬度数据转换见表5-8。

表5-8 经纬度数据转换表

	请输入		结果
经度	11403.2467	转化得到	114.054112
纬度	2234.9142	转化得到	22.615236

计算依据：abcde.fghi
abc+(de/60)+(fghi/600000)
把转化得到的结果22.615236，114.054112通过谷歌地球搜索，显示当前的实际位置（注意：通过浏览器上的谷歌地图或百度地图都会有偏差），如图5-38所示。

图5-38　GPS定位具体位置图

实验内容

本实验主要为观察实验。将本实验程序烧写入智能锁系统中，打开串口观察现象，不需要其他操作。GPS定位数据解析流程如图5-39所示。

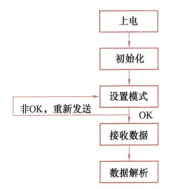

图5-39　GPS定位数据解析流程图

实验步骤

1）正确连接JLINK仿真器到PC和STM32开发板，将传感器正确连接到NB-IoT开发板上。Micro-USB线/串口线一端连接程序下载调试板对应接口，另一端连接PC。

2）用IAR开发环境打开实验例程4.43：Project→Rebuild All重新编译工程。

3）将连接好的硬件平台通电，然后将J-Flash ARM仿真软件与开发板进行软连接。接下来选择Project→Download and debug命令将程序下载到STM32开发板中。

4）下载完后可以选择Debug→Go命令使程序全速运行，也可以将STM32开发板重新上电或者按下复位按钮让刚才下载的程序重新运行。

5）打开串口助手，观察串口助手的打印信息。

实验现象

GPS数据包参数解析如图5-40所示。

图示数据表示的含义如下。

时间2017年11月10日11时52分03秒;

纬度31度34.0619分;

经度120度22.6882分。

图5-40 GPS数据包参数解析图

5.3.4 系统测试实验

实验目的

* 了解和掌握如何控制VK2525模块。
* 通过STM32控制板实现VK2525上传数据到平台的实验。
* 知识点掌握：1）了解GPS的登录命令与下行授时的数据帧格式。
  2）观察流程图，了解通过NB-IoT上传GPS定位信息的流程。

实验环境

* STM32控制板、传感器底板、程序下载板、ARM JLINK仿真器、PC以及5V电源。
* 软件：Windows 7/Windows XP，IAR集成环境。

实验原理

登录以及授时的数据帧格式见表5-9及表5-10。

登录；

表5-9 GPS登录数据帧格式

地址 1B	功能代码 1B	子功能数据量 1B	子功能内容 3B	数据长度 1B	数据内容 22B	CRC 1B
0x05	0x01	0x03	0x01+BB		GPS数据	校验码

下行：中心确认回复；

下行授时：（登录→登录回复→授时。）

表5-10 GPS登录数据帧格式

地址 1B	功能代码 1B	子功能数据量1B	子功能数据	数据长度 1B	数据内容	CRC 1B
0x21	0x05	0x03	0x01+BB	0x19	YY/MM/DD, hh:mm:ss+zz+0x01+BB	校验码

GPS详细数据：

时间A6+纬度B4+经度C5+速度D1+方向东西经、南北纬E1+定位状态以及天线状态司机编码F1+里程G3+异或校验H1。

实验内容

本实验主要为观察实验,将本实验程序烧写入智能锁系统中,打开串口观察现象,不需要其他操作。GPS定位实验流程如图5-41所示。

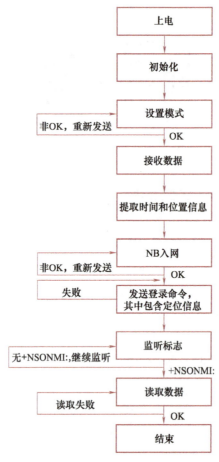

图5-41　GPS定位实验流程图

从定位信息中提取出时间信息和经纬度信息,将其封装入协议,发往平台。平台回复相关信息。

实验步骤

1)正确连接JLINK仿真器到PC和STM32开发板,将传感器正确连接到NB-IoT开发板上。Micro-USB线/串口线一端连接程序下载调试板对应接口,另一端连接PC。

2)用IAR开发环境打开实验例程4.44：Project→Rebuild All重新编译工程。

3)将连接好的硬件平台通电,然后将J-Flash ARM仿真软件与开发板进行软连接。接下来选择Project→Download and debug命令将程序下载到STM32开发板中。

4)下载完后可以选择Debug→Go命令使程序全速运行,也可以将STM32开发板重新上电或者按下复位按钮让刚才下载的程序重新运行。

5)打开串口助手,观察串口打印信息。

实验现象

登录→回复→授时的串口打印如图5-42所示。

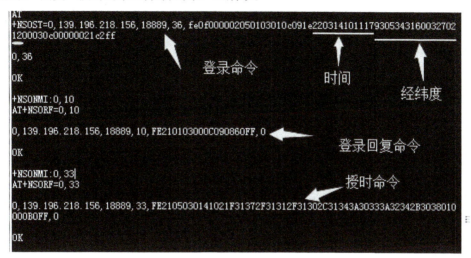

图5-42　GPS登录授时图

可以在平台上观察自己的位置信息，如图5-43所示，单击"GPS显示"按钮，显示结果如图5-44所示。

图5-43　平台登录显示图

图5-44　GPS定位具体位置图

这一章介绍了物联网通信中的NB-IoT、GPRS通信以及定位模块的使用。这几种通信模式都是物联网通信中使用比较多的通信方式。通过实验方式，对这几种通信做了简要介绍，能使用NB-IoT物联网实验设备实现这几种常用通信。

1）NB-IoT实现数据的传输都需要经过哪些流程？
2）GPS如何实现数据的传输？
3）如何控制VK2525模块？
4）在上一章节中设计的门禁系统中添加上报警模块，即识别到非法门禁卡时，通过通信模块进行报警。
5）如何通过NB-IoT/GPRS模块实现平台点亮LED的操作。
6）如何将温湿度信息上传给平台。

Chapter 6

第6章

NB-IoT应用系统设计

本章概述

本章是物联网的综合案例分析。本章的综合案例是将前两章物联网的基础内容结合起来，添加更加完善的处理机制，实现综合案例。通过3个真实的案例，对物联网的应用做出一个分析，读者能够对物联网的使用有全面的了解。

学习目标

- 了解智慧停车系统。
- 了解智能锁系统。
- 了解智能环境监测系统。
- 具备开阔、灵活的思维能力。
- 具备积极、主动的探索精神。
- 具备严谨、细致的工作态度。

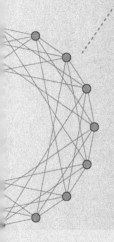

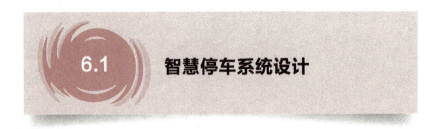

6.1 智慧停车系统设计

6.1.1 需求分析

随着社会的发展,城市中的汽车越来越多。车辆集中存放管理的场所被人们提出更高的要求,如车辆进出的秩序、车辆存放的安全性、车辆存放管理的有偿性等。智慧停车场系统产品应运而生,在现代停车场管理中发挥着越来越重要的作用。停车场系统的全称是智慧停车场管理系统,通常被称为停车场系统或智慧停车场,也被简称为"停车场"。停车场系统应用现代机械电子及通信科学技术,集控制硬件、软件于一体。

6.1.2 实现原则

停车收费系统是针对停车场管理的局限性,而研发出的临时停车场自动收费管理系统。该系统可实现停车场或占道停车的自助缴费、智能计时和多种方式交费,不仅仅减少了人工管理的成本,杜绝人工收费的漏洞,还大大满足了外地车辆的停车需求。

6.1.3 技术选用

* NFC(Near Field Communication)。
* GPRS网路通信。
* NB-IoT通信。
* WEB数据库。
* GPS/北斗定位。
* LCD显示。

6.1.4 实现方法

1. 数据库

数据库系统主要用于车牌识别结果的存储,车辆进出时间的记录,停车时间录入及收费金额计算等。其工作原理就是建立两个数据库,进场数据库和离场数据库。通过前后数据的校对、分析与逻辑判断计算停车时间和产生的停车费用。

2. NFC与网路通信

车主可到主控机或是刷卡器读卡,开始停车计时,离开时将再次在主控机或是刷卡器读卡,算出停车费用。可以通过受信卡(城市通、身份证、自发行卡)和电子钱包付款。

6.1.5 设计思路

智慧停车系统设计思路如图6-1所示。

第6章 NB-IoT应用系统设计

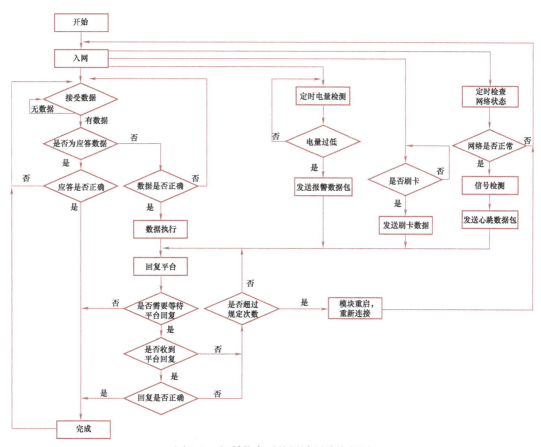

图6-1 智慧停车系统设计思路流程图

当发生刷卡事件的时候，模块会将刷卡信息上传到平台。平台会根据信息与后台数据库进行数据交互，判断是入库或者出库。然后将相关信息下发，在智慧停车模块的LCD上显示。入库，显示入库信息，提示卡上余额。出库，显示出库信息，显示本次消费以及卡上余额。

6.1.6 硬件展示

智慧停车系统的实物图如图6-2所示。

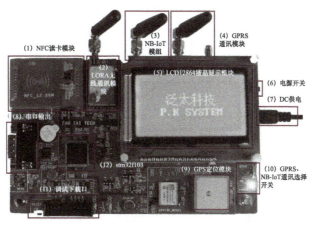

图6-2 智慧停车系统实物图

6.1.7 软件设计

主函数的内容如下。
```
void main(void)
{
  NB_BoxInit();                               //实验箱初始化

   for(;;)
   {
     Watchdog();
     DisPlay();
     Watchdog();                              //喂狗

     GPRSOption();

     NBIOTOption();

     DeviceJoinNet();

     USART1_ReceiveData();                    //检测串口1是否有数据

     LORA_ReceiveData();                      //LoRa接收数据

     GPS_DataCollection();                    //GPS数据接收和处理

     GPS_DataUpload();                        //数据上传

     SwipingCard();                           //刷卡上传

     WarningUpload();                         //报警上传

     CycleCheck();                            //循环检测处理函数
   }
}
```

主函数中，NB_BoxInit()函数包含了实验箱上电后进行的一系列初始化操作，主要有系统定时器、看门狗、ADC、EEPROM、LCD、MFRC522 GPIO和天线、GPS、串口等的初始化，如果使用NB-IoT会进行NB模块的初始化，如果使用GPRS会关闭NB模块，另外还有通用定时器设置，按键和LED配置，LCD显示，上电参数配置等操作。

初始化完成后，进入死循环，其中包含了许多函数，每个函数代表着一种处理或是操作，下面简要介绍一下主要函数。

Watchdog()是"喂狗"函数，防止程序跑飞。DisPlay()函数是显示函数，LCD屏会打印当前电压，设备ID，联网模式以及定位模式等信息。由于DisPlay()函数耗时较长，为防止看门狗程序复位系统，因此再次"喂狗"。

GPRSOption()函数顾名思义就是GPRS的操作函数,其中包含了GPRS的初始化函数以及GPRS发送和接收数据函数,GPRSOption()函数如下。

```
void GPRSOption(void)
{
    if(GPRS)
    {
        GPRS_Init();                    //GPRS初始化,包括入网初始化

        GPRS_RxTxData();                //GPRS发送和接收数据函数
    }
}
```

NBIOTOption()函数是NB-IoT的操作函数,其中包含了NB接收数据判断、关闭GPRS、初始化NB网络参数、NB接收数据等操作,NBIOTOption()函数如下。

```
void NBIOTOption(void)
{
    if(NBIOT)
    {
        USART3_ReceiveData();
        NB_HaveReceive();               //NB接收到数据判断

        CloseGPRS();                    //关闭GPRS

        NB_Init();                      //初始化NB网络参数

        NB_DO();                        //NB接收数据和传感器的数据采集与发送
    }
}
```

DeviceJoinNet()函数是发送登录和授时信息的函数,将信息发给平台,然后等待响应,多次无响应会在LCD打印"服务器无响应"。

USART1_ReceiveData()函数是判断串口1数据是否接收完成的函数,如果接收完成,会进行串口数据转存以及根据串口数据设置参数。

LORA_ReceiveData()函数此处不多做介绍,主要学习的内容是和平台交互,不涉及LoRa。

GPS_DataCollection()函数是GPS数据的接收与处理函数,此外,还会设置GPS的工作模式,可以选择GPS、北斗或者混合模式。GPS_DataCollection()函数如下。

```
void GPS_DataCollection(void)
{
    GPS_ReceiveData();                  //GPS接收数据

    SetGPSMode();                       //设置GPS工作模式

    if(SetGPRSModeSuccessFlag)
```

```
    {
        GPS_DataCheck();                                          //GPS数据提取与解析
        USART_ITConfig(UART5, USART_IT_RXNE, ENABLE);             //开中断
    }
}
```

GPS_DataUpload()函数是GPS数据的封装上传函数,将GPS数据传给平台。

SwipingCard()函数是刷卡信息上传函数。

WarningUpload()函数是报警信息上传函数。

CycleCheck()函数是周期检查函数,如果使用GPRS,那么会周期检查GPRS网络连接情况,此外还有心跳包周期发送、异常周期检查、电量周期检查以及报警周期检查。CycleCheck()函数如下。

```
void CycleCheck(void)
{
    if(GPRS)
    {
        CycleCheckGPRS();                       //GPRS连接周期检查
    }

    CycleSendHeartBeat();                       //心跳包周期发送

    CycleAbnormalCheck();                       //异常周期检查

    CycleCheckElec();                           //电量周期检查

    CycleCheckWarning();                        //报警周期检查
}
```

以上就是主函数中的全部函数,明白了这些函数的大体作用,对整个系统的运作方式也就有了一定的了解。

6.1.8 系统演示

刷卡入库,LCD显示如图6-3所示。

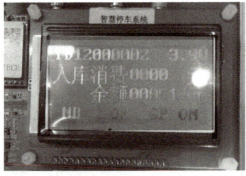

图6-3　LCD入库显示

刷卡出库,LCD显示如图6-4所示。

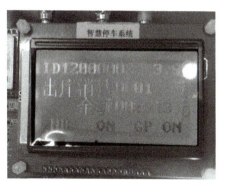

图6-4 LCD出库显示

计费规则为10分钟1元，不足10分钟按10分钟算。

6.2 智能锁系统设计

6.2.1 需求分析

据公安部统计数据，我国每年因入室盗窃造成的家庭损失高达11300亿元，3.5亿户居民的家庭财产安全无法得到充分保障。其中90%以上的盗窃案件是通过技术或是暴力开启防盗门上的锁具入室的，技术开启和暴力开启的比例为10:1；从窗户等其他途径入室行窃的只占不到10%。因此，安全性成为个人、家庭、社会最迫切需要解决的问题。NB-IoT是新一代低功耗物联网技术标准，基于运营商的蜂窝网络，覆盖范围大、信号能力强、区域内可连接数量大、可扩展能力强、网络布局成本低。多灵物联网智能门锁内置NB-IoT模组和运营商物联网SIM卡，具有远程监控，防撬、防劫持自动报警，胁迫报警等主动安防功能，在安全性方面已远超机械锁；同时，智能门锁还可通过指纹、手机APP、远程控制、密码等方式开启，让用户摆脱钥匙的束缚，在便捷性方面同样优于机械锁；此外，智能门锁还可通过物联网与智能家电、智能影音、家庭安防等智能家居产品连接，实现了机械锁难以实现的人工智能及人机互动，并可延伸至更多应用场景，提供更丰富的配套服务；在行业应用市场，可对接多灵社区警云系统、公租房管理平台、校园门锁管理平台，提供社区/家庭/行业市场安防联网报警运营服务。因此，物联网智能门锁势必将成为大势所趋。

6.2.2 实现原则

随着人们居住环境的升级，人们越来越重视家居入户区域的管理需求，对人、家庭以及住宅小区的出入方面提出了更高的安全要求，出入口智能管理已成为当前的安防发展趋势。

NB-IoT在智能门锁上的应用有巨大潜力。窄带物联网传输技术进一步保障了门锁数据传输的安全性；低功耗的特性攻克了电池供电的智能门锁的续航技术难题；作为资产管理入口的门锁、机柜锁、交通锁等各个区域各种类型的锁具需要更广覆盖；脱离于传统的Wi-Fi通信方式，更便捷，更稳定，更安全。一把会沟通、有思想、能说话、及时汇报的门锁，在资产管理、出入管理、治安管理等方面将发挥不可限量的重要作用。

6.2.3 技术选用

* NB-IoT/GPRS网络通信。
* 电机。
* LCD显示。

6.2.4 实现方法

基于NB-IoT技术的物联网智能门锁解决方案，借助物联网平台，实现NB-IoT智能门锁设备统一管理、设备数据和告警信息实时采集、上报等功能，实现智能门锁的远程开启、开门记录统计、警报通知、身份识别管理、权限管理等功能，并且无需网关，无需设置网络。

6.2.5 设计思路

智能锁系统设计思路如图6-5所示。

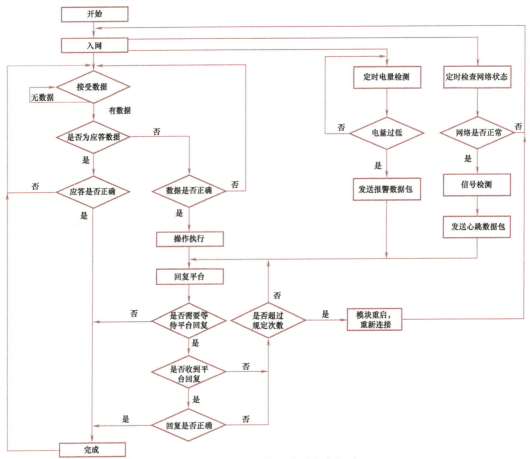

图6-5 智慧锁系统设计思路流程图

无论是NB-IoT还是GPRS，其网络通信的流程都大体一致，在网络通信的同时系统会进行多项检测，包括系统异常检测、系统电量检测、网络检测，各个模块通信检测等。每一个检测都会有相应的处理方式，来防止系统进入到出错定时的情况。另外，系统添加了看门狗，如果系统跑飞进入不可恢复的错误中，系统会自动进行复位，终端会自动重新开始执行，进行自检、入网等操作。系统复位自检如图6-6所示。

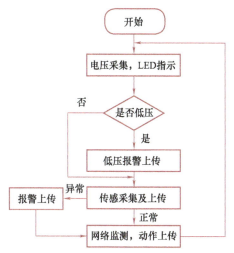

图6-6 智慧锁系统复位自检示意图

系统会根据不同的模块，定时采集不同的数据。环境监测模块只要采集环境信息、电压以及定位信息，而智能锁模块和NFC模块主要采集定位与电压数据。

定位数据上传流程图如图6-7所示，定位的数据会实时的提取，当发送周期到达后，系统会将定位信息封装到协议包中，然后发送出去。在解析定位数据的时候会先判断定位信息是否有效，如果无效则结束当前的数据解析。如果有效，则提取出其中的时间、经度、纬度、速度、路程、方位等，将信息封装发送。

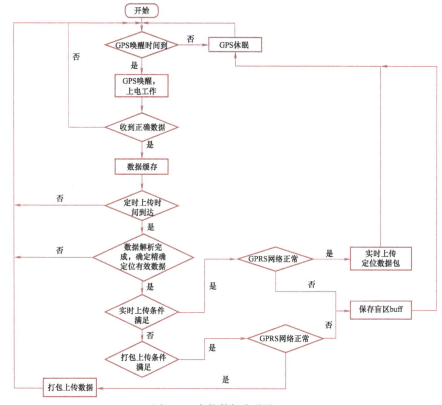

图6-7 定位数据上传流程图

系统要保证网络的可靠性,为了防止与平台的链接断开,系统会在一定的时间周期内不断地向平台发送心跳数据包。

由于GPRS是TCP连接,其连接状态可以查询,因此只要每次查看连接的状态即可得知当前的网络连接状态。经测试,在人多的地方,由于基站会有一个调度的过程,基站调度判定的时间短,会出现TCP在连接的状态但是基站已经强制断开了连接,使系统出现假连接的状态。当然,这种情况也只会发生在人特别多的地方,一般的学校或实验室是不会发生这种情况的。

NB-IoT是UDP连接,其连接状态不可查询,因此只能在平台上来分析连接状态。平台在10min内没有收到终端的心跳包即判定网络连接已经断开。

6.2.6 硬件展示

智能锁系统的实物图如图6-8所示。

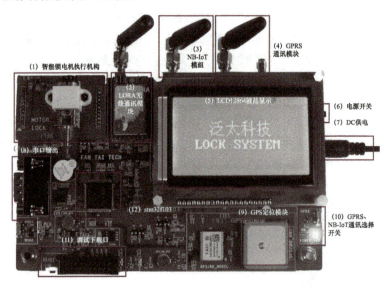

图6-8 智能锁系统实物图

6.2.7 软件设计

主函数的内容如下。

```
void main(void)
{
 NB_BoxInit();                                //实验箱初始化

  for(;;)
  {
   Watchdog();
   DisPlay();
   Watchdog();                                //喂狗

   GPRSOption();
```

```
        NBIOTOption();

        DeviceJoinNet();

        USART1_ReceiveData();                  //检测串口1是否有数据

        LORA_ReceiveData();                    //LoRa接收数据

        GPS_DataCollection();                  //GPS数据接收和处理

        GPS_DataUpload();                      //数据上传

        SwipingCard();                         //刷卡上传

        WarningUpload();                       //报警上传

        CycleCheck();                          //循环检测处理函数
    }
}
```

智能锁系统的主函数内容同智慧停车系统是基本一致的，但有一些小的差别。

NB_BoxInit()函数包含了实验箱上电后的一系列初始化操作，主要包括系统定时器、看门狗、ADC、EEPROM、LCD、锁、GPS、串口等的初始化，如果使用NB-IoT会进行NB模块的初始化，使用GPRS会关闭NB模块，另外还有通用定时器设置，按键和LED配置，LCD显示，上电参数配置等操作。

初始化完成后，进入死循环，其中包含了许多函数，每个函数代表着一种处理或是操作，下面为各种函数的介绍。

Watchdog()函数联是喂狗函数，防止程序跑飞。DisPlay()函数是显示函数，LCD屏会打印当前电压，设备ID，联网模式以及定位模式等信息。由于DisPlay()函数耗时较长，为防止看门狗程序复位系统，因此再次喂狗。

GPRSOption()函数顾名思义就是GPRS的操作函数，其中包含了GPRS的初始化函数以及GPRS发送和接收数据函数。

NBIOTOption()函数是NB-IoT的操作函数，其中包含了NB接收数据判断，关闭GPRS，初始化NB网络参数，NB接收数据等操作。

DeviceJoinNet()函数是发送登录和授时信息的函数，将信息发给平台，然后等待响应，多次无响应会在LCD打印"服务器无响应"。

USART1_ReceiveData()函数是判断串口1数据是否接收完成的函数，如果接收完成，会进行串口数据转存以及根据串口数据设置参数。

LORA_ReceiveData()函数此处不多做介绍，主要学习的内容是和平台交互，不涉及LoRa。

GPS_DataCollection()函数是GPS数据的接收与处理函数，还可以设置GPS的工作模式,可以选择GPS、北斗或者混合模式。

GPS_DataUpload()函数是GPS数据的封装上传函数,将GPS数据传给平台。

SwipingCard()函数是刷卡信息上传函数,此处并没有使用。

WarningUpload()函数是报警信息上传函数。

CycleCheck()函数是周期检查函数,如果使用GPRS,那么会周期检查GPRS的网络连接情况,此外还有心跳包周期发送、异常周期检查、电量周期检查以及报警周期检查。

6.2.8 系统演示

以施封为例,在平台上单击"施封"按钮,如图6-9所示。

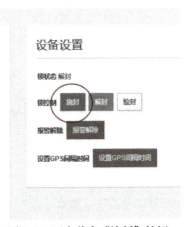

图6-9 平台单击"施封"按钮

智能锁系统收到网络信息,如图6-10所示。

智能锁系统回复应答信息,如图6-11所示。

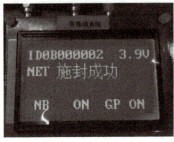 

图6-10 智能锁施封成功　　　图6-11 智能锁系统回复应答

6.3 智能环境监测系统设计

6.3.1 需求分析

随着物联网行业的快速发展,在一些特定的领域中,环境信息的采集也变得尤为重要,例如，孵化器、温室大棚等。管理人员需要知道当前受监控的空间的环境信息，当周围环境的一些数值超过了阈值，就需要有相应的应对方法。管理人员不能时刻盯着环境数据信息，这时候就需要使用物联网技术。采用传感器对周围环境信息进行采集，然后发送到云平台进行存储与分析。当环境信息异常，平台将会向管理人员发送报警信息，管理人员做相应处理即可。

6.3.2 实现原则

温湿度环境自动监控方案采用了计算机技术和最先进的数字温度传感器技术，克服了传统模拟式温度传感器（如热敏电阻、铂电阻等）的不稳定、误差大、容易受干扰、需要定期校准等严重缺陷，测量数据稳定、精度高、抗干扰能力强，在农业温室大棚、粮库、林业、花卉养殖等领域具有广阔的应用前景。

网络监控系统将计算机技术、网络技术与监控技术有机地结合起来。它能将监控系统和计算机网络系统连接起来，使两个相互独立的系统走向融合，在理念和方式上取得了重大突破。利用计算机网络技术，将封装成IP包的监控信息传送到网络上，与现有的信息管理系统融为一体，使网络中的每一台多媒体计算机均可实现对监控信息的管理和调用，提高了管理水平和管理效率。网络视频监控系统的出现已经超出了传统监控的范畴，增加了管理的概念，已经成为现代化管理的一个有力工具。

6.3.3 技术选用

* 温湿度传感。
* 数字气压传感。
* LCD显示。
* NB-IoT/GPRS网络通信。
* 北斗/GPS定位。

6.3.4 实现方法

1. 采集模块

采集模块会周期性的采集周围的环境信息（温度、湿度、大气压强），然后将这些数据组成为数据帧，通过GPRS或者NB-IoT网络发送给云平台。

2. 云平台

在收到采集模块的上行数据帧后，将数据帧解析，然后提取到有效的环境信息，将这些信息在平台的显示界面上进行展示。另外，这些数据还将保存入库，方便管理人员随时查看。

3. 定位

定位模块会将自己的定位信息封装成网络数据帧，然后将这些数据周期性地发送给平台（周期可以很长，比如一天发送一次）。平台在接收到数据帧后将有效的经纬度信息提取出来，然后在平台的地图上进行显示，管理人员就可以看到当前这个环境节点所处的具体位置，定位信息误差不超过10m。

6.3.5 设计思路

智能环境监测系统设计思路如图6-12所示，定位数据上传流程见图6-7。模块会定时上传定位信息和环境信息。如果平台进行刷新操作，模块会主动上传当前的定位信息。环境信息不存在平台的操作，但是可以设置环境信息主动上传的时间间隔。

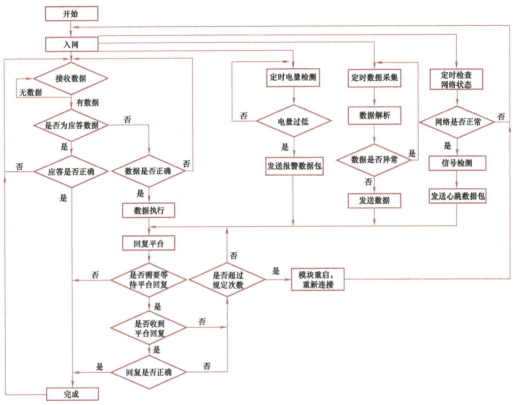

图6-12　智能环境监测系统设计思路流程图

6.3.6　硬件展示

智能环境监测系统的实物图如图6-13所示。

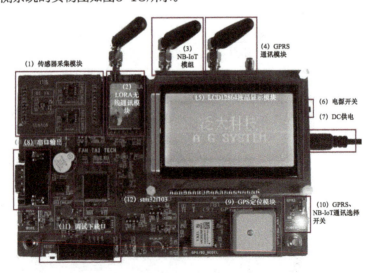

图6-13　智能环境监测系统实物图

6.3.7 软件设计

主函数的内容如下。
```
void main(void)
{
 NB_BoxInit();                              //实验箱初始化

  for(;;)
  {
    Watchdog();
    DisPlay();
    Watchdog();                             //喂狗

    GPRSOption();

    NBIOTOption();

    DeviceJoinNet();

    USART1_ReceiveData();                   //检测串口1是否有数据

    LORA_ReceiveData();                     //LoRa接收数据

    GPS_DataCollection();                   //GPS数据接收和处理

    GPS_DataUpload();                       //数据上传

    SwipingCard();                          //刷卡上传

    WarningUpload();                        //报警上传

    CycleCheck();                           //循环检测处理函数
  }
}
```

智能锁系统的主函数内容同智慧停车系统是基本一致的，但有一些小的差别。

NB_BoxInit()函数包含了实验箱上电后进行的一系列初始化操作，主要包括系统定时器、看门狗、ADC、EEPROM、LCD、温湿度和数字气压传感器、GPS、串口等的初始化，如果使用NB-IoT会进行NB模块的初始化，使用GPRS会关闭NB模块，另外还有通用定时器设置，按键和LED配置，LCD显示，上电参数配置等操作。

初始化完成后，进入死循环，其中包含了许多函数，每个函数代表着一种处理或是操作，下面为各种函数的介绍。

Watchdog()函数是喂狗函数，防止程序跑飞。DisPlay()函数是显示函数，LCD屏会打印当前电压，设备ID，连网模式以及定位模式等信息。由于DisPlay()函数耗时较长，为防止看门狗程序复位系统，因此再次喂狗。

GPRSOption()函数顾名思义就是GPRS的操作函数，其中包含了GPRS的初始化函数以及GPRS发送和接收数据函数，还包含了传感器采集信息的上传。

NBIOTOption()函数是NB-IoT的操作函数，其中包含了NB接收数据判断，关闭GPRS，初始化NB网络参数，NB接收数据等操作，还包含了传感器采集信息的上传。

DeviceJoinNet()函数是发送登录和授时信息的函数，将信息发给平台，然后等待响应，多次无响应会在LCD打印"服务器无响应"。

USART1_ReceiveData()函数是判断串口1数据是否接收完成的函数，如果接收完成，会进行串口数据转存以及根据串口数据设置参数。

LORA_ReceiveData()函数就是用来和PDA系统交互的，此处可以通过这个函数接收PDA采集的环境信息。

GPS_DataCollection()函数是GPS数据的接收与处理函数，此外，还会设置GPS的工作模式，可以选择GPS，北斗，或者混合模式。

GPS_DataUpload()函数是GPS数据的封装与上传函数，将GPS数据传给平台。

SwipingCard()函数是刷卡信息上传函数，此处并没有使用。

WarningUpload()函数是报警信息上传函数。

CycleCheck()函数是周期检查函数，如果使用GPRS，那么会周期检查GPRS网络连接情况，此外还有心跳包周期发送、异常周期检查、电量周期检查以及报警周期检查。

6.3.8 系统演示

主动上传自身检测的环境信息，如图6-14所示。

图6-14 上传自身检测的环境信息

上传存储在EEPROM中的PDA环境数据信息，如图6-15所示。

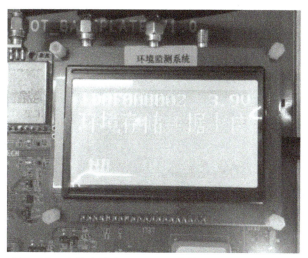

图6-15　上传存储在EEPROM中的PDA环境数据信息

本章通过3个实例，向读者展示了NB-IoT物联网技术的魅力，也分析了每个实例的具体实现方法。希望读者能通过这3个实例，对物联网在生活中的应用有一个大致的了解。也希望读者能通过物联网技术，实现自己的一些发明创造。

1）思考基于NB-IoT的智慧城市的实现方案。
2）思考基于NB-IoT远程抄表（水表）的实现方案。
3）完成智能门禁系统的实现方案。

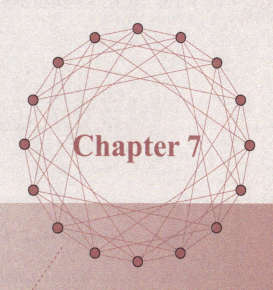

Chapter 7

第 7 章

初识LoRa技术

本章概述

本章是了解LoRa技术的"前世今生",CLAA物联网生态圈在中国的发展历程,以及LoRa关键技术。LoRa的低功耗、距离远、抗干扰,灵敏度高、成本低等优点,使其在如农业信息化、环境监测、智能抄表、智能油田、车辆追踪、智慧工业、智慧城市、智慧社区等领域都发挥着重要作用。通过本章学习,学生能够掌握LoRa网络架构、关键技术和应用场景,为以后的学习和工作实践打下基础。

学习目标

- 了解LoRa发展历程。
- 掌握LoRa网络架构。
- 掌握LoRa关键技术。
- 了解LoRa应用场景。

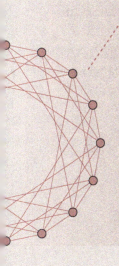

7.1 认识LoRa窄带物联网

7.1.1 LoRa概述

LoRa是Long Range的简称，意思是长距离通信，作为LPWAN通信技术中的一种，是美国Semtech公司采用和推广的一种基于扩频调制技术（Chirp Spread Spectrum, CSS）的超远距离无线传输方案。LoRa自身是一种物理层技术规范。这一方案改变了以往关于传输距离与功耗的折中考虑方式，为用户提供一种简单的能实现远距离、长电池寿命、大容量的系统，进而扩展传感网络。目前，LoRa主要在全球免费频段运行，包括433/470/868/915MHz等。

LoRa Alliance（LA）联盟于2015年上半年由思科（Cisco）、IBM和升特（Semtech）等多家厂商共同发起创立，LA联盟制定了LoRaWAN标准规范，主要完成的是MAC层规范以及对物理层相关参数的约定。LoRaWAN是为LoRa远距离通信网络设计的一套通信协议和系统架构。

LoRaWAN在协议和网络架构的设计上，充分考虑了节点功耗，网络容量，QoS，安全性和网络应用多样性等几个因素，使得LoRa网络真正适合低功耗、广覆盖以及园区级灵活建网的物联网应用场景。

7.1.2 CLAA：中国LoRa物联网生态圈

中兴克拉科技有限公司（中兴通讯股份有限公司控股子公司）作为LoRa Alliance联盟董事会成员，是中国运营级LoRa产业链的主导者，主导CLAA（China LoRa Application Alliance）物联网生态圈，CLAA作为一个公益性技术标准组织，是全球最大的LoRa物联网生态圈，2016年1月28日成立，截至2018年11月已发展至1200多家正式会员，始终保持高速的增长态势，其会员除了与网络相关的芯片、设备、平台、天线、电池等厂商外，还包括大量在国内外表计、园区、市政、家居、工业、能源、农业等行业拥有多年智能化经验的应用厂商，可通过下游的丰富应用来带动LoRa产业的繁荣。

截至2019年4月，已完成超过300种行业应用类型的发布，在40多个城市落地CLAA物联网应用项目，极大丰富了LPWAN领域的应用类型。CLAA物联网生态圈的网址为www.claaiot.com。

7.1.3 LoRa商业模式

在Machina Research的一份报告《LPWA Technologies-Unlock New IoT Market Potential》中提到了LPWA市场中的6种实体。

- ➢ 移动网络运营商（Mobile Network Operators）。
- ➢ 非移动网络运营商（Non-mobile Network Operators）。
- ➢ 系统集成商（Systems Integrators）。

> 大型工业区和园区（Large Industrial Areas and Campuses）。
> 产品制造商（Product Manufacturers）。
> 传感器原始设备制造商（Original Equipment Manufactures）。

物联网低功耗广域连接的发展需求，让产品商、服务商、运营商等看到了新的市场发展机会，纷纷搭建平台、接产品、做应用，力图在新的应用领域里先人一步取得商机。产业生态链的成熟也有利于行业健康长远的发展。

LoRa技术低功耗、低成本、广覆盖，极低的发射功率，为轻量级运营级物联网叠加网覆盖模式打下基础。LoRa发展初期还基本上是面向toB的市场，还没有普及到toC市场。一些具有行业或市场资源的公司会较早地部署LoRa网络，改变原有或创造新的应用系统，低功耗广域网市场的创新活力也在于此。

在LoRa市场中，多数厂家是以提供（云）端到（终）端的解决方案为主，包括模组、网关和网络服务器（Network Server，NS）。由于对设备数据的要求不同，LoRa网络服务器有的是私有化部署，有的是部署在公有云或第三方网络服务器上。

LoRa市场的业务特点也产生了像The Things Network、LORIOT等开源的或专业的网络服务平台，提供基于LoRaWAN网络的管理平台和应用服务。当数据成为一种服务，与产品相结合，硬件将不再是产品的全部，物联网产品的定义或许会因此而改变，产生出一些新的商业模式。

CLAA物联网生态圈旨在共同建立中国LoRa应用合作生态圈，推动LoRa产业链在中国的应用和发展，建设多业务共享、低成本、广覆盖、可运营的LoRa物联网。正是基于此理念，CLAA构建了共建共享的LoRa网络管理平台，在该共享平台上已聚集了众多垂直行业的产品和解决方案。CLAA提供网关和云化核心网服务，可快速搭建起LoRa物联网系统的应用。

CLAA主要有以下4种面向不同合作伙伴的商业模式。

* 独立运营商：提供全套解决方案，支持客户建网，并与CLAA共享物联网互联互通，网络可以交给第三方代维。
* 大型合作伙伴：共享共建CLAA网络，多个城市大范围覆盖，享受全网整体收益，CLAA承担网络平台运维，合作伙伴负责本地建网和业务运营。
* 中小型客户：直接采购设备和全套解决方案，CLAA协助建网和部署，城市级、区域级或项目级覆盖，通过上CLAA公有云，CLAA可以承担网络平台运维成本。
* 渠道合作伙伴：直接采购设备和方案，渠道自行拓展客户，由渠道合作伙伴或客户项目级建网，CLAA协助客户运营，客户承担运维费用。

7.2 LoRa关键技术

7.2.1 LoRa的网络架构

LoRa网络构架由终端节点（End Nodes，又称Mote）、网关（Gateway，GW）、

网络服务器和应用服务器（Application Server，AS）4部分组成，其中网络服务器负责终端的管理和数据的转发功能；应用服务器用作业务数据展示与管理平台，如图7-1所示。

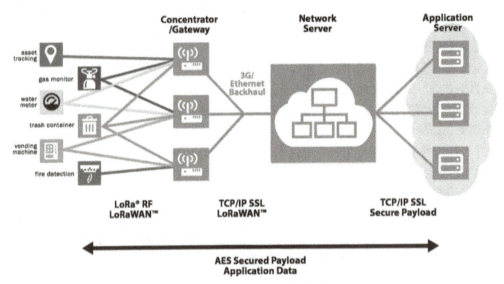

图7-1　LoRaWAN网络架构

LoRa采用两级星形组网方式，终端到网关是星形组网，网关到网络服务器是星形组网。星形组网最大优势就是简单，工程开通方便，开通成本低。

上述架构中，终端数据可以通过多网关传送到核心网，网关间可以实现相互容灾，增加网络可靠性。

7.2.2　LoRa的广覆盖

LoRa网络的传输距离和无线传输环境密切相关，这是由于无线传播路径上的障碍物会对信号产生影响，信号衰减的差异巨大。

同时采用不同的扩频因子Spread Factor（SF），链路预算不同，传输距离也有差别，SF越长，传输距离越远。

按照Semtech（升特公司）的宣传资料，城区可以传送3km，农村可以传输30km。

按照行业实际项目真实测试数据，一般在城区，BW125K、SF12下最远可以传输15km。

LoRa信号具备可穿12层一般建筑物墙体能力。

7.2.3　LoRa的低功耗

低功耗是大部分物联网应用场景的第一诉求，特别是对于一些不能频繁充电或不方便更换电池的设备和场景。

LoRaWAN网络是一个异步网络，终端发包时无信道接入过程，终端从深度休眠到发包的整个流程非常简单，主要影响功耗的就是发包耗电，如图7-2所示。

终端每日功耗=每日发包次数×单次发送耗电+每日收包次数×单次收包耗电+每日休眠总时间×单位时间休眠耗电量。

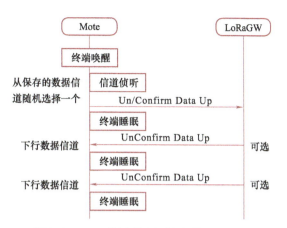

图7-2　LoRa深度休眠到发包整个流程图

例如，一个LoRa燃气表，每2小时抄一次表，包长为30B，表记发射电流为120mA，接收电流为10mA，休眠电流为10μA，使用2400mA·h的电池。假定表采用SF9来工作，这样每次表记发送包耗时为243ms，接收判断耗时为20ms。这种场景下，电池（四节5号1.5V碱性电池）的工作时间为7.5年。

7.2.4　LoRa的低成本

一套端到端的LoRa物联网解决方案涉及芯片、模组、终端、网关、网络服务器、应用服务器、工程安装部署、网络运维服务等多方面，下面分别从这些方面分析LoRa物联网解决方案的成本优势。

LoRa网络是一个轻量级网络，采用OTT（Over The Top，通过互联网向用户提供各种应用服务）的方式部署于IP宽带网络上，网关形态小，类似于Wi-Fi AP大小，便于部署。网络服务器采用云化部署，可以部署在公有或私有云上，也可以部署在工业服务器上。一般厂家都是云化部署，对外免费提供。

应用服务器一般是根据客户需求定制，用于物联网终端的业务展示和管理，市面上价格差异比较大。

由于LoRa协议栈简单，制造LoRa芯片工艺并不复杂，Semtech终端射频芯片SX1278芯片成本仅为1美元左右。

LoRa模组的成本，考虑加上MCU，控制在5美元左右。

LoRa网关采用SX1301芯片，网关市场价格在1000美元左右。

整个LoRa网络架构简单，网络部署成本低。对于企事业单位，通过自己部署LoRa网络，利用楼顶、灯杆等站址资源，网关数据回传采用LTE网络或内部的宽带网络，日常的网络运维成本也是非常低。

7.2.5　LoRa的大连接

LoRa网络的容量和很多因素相关，影响LoRa网络容量的因素主要有如下几个。

* 网关的数量和每网关的信道数量。
* 网关的工作模式：半双工还是全双工。
* 终端的话务模型：上下行发包比例，上下行发包频率，平均帧长。

* 网络覆盖质量：终端在不同SF下的分布比例等。
* 网关间的覆盖重叠比例。

例如，在单网关8个信道上行，终端每小时发一个包，无下行，包长30B的情况下，单网关上行的最大容量为8万个终端。

由此可见，LoRa网络的连接能力非常适合低频次、小数据包的物联网应用场景。

7.2.6 LoRa的扩频技术

LoRa是基于CSS（Chirp Spread Spectrum）线性扩频通信技术，扩频通信能够得到很高的编码增益。扩频技术原理如图7-3所示。

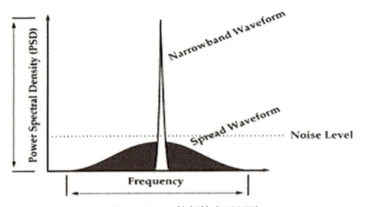

图7-3　LoRa扩频技术原理图

通过扩频编码，发送侧将信号的频带扩展了N倍，接收侧重新恢复信号时，通过扩频码的相关计算，信号强度增加N倍，但噪音没有变化，这样信噪比提升N倍，能够有效检出信号。

LoRa采用长扩频码（$2^7 \sim 2^{12}$，扩频码长度分别为128～4096倍），SNR（Signal to Noise Ratio，信噪比）能够得到21～36dB的提升。这样LoRa能够在低于噪音能力的情况下检出信号，如图7-4和图7-5所示。

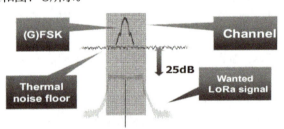

图7-4　LoRa低于噪音的检出信号图

Spreading Factor (RegModulationCfg)	Spreading Factor (Chips / symbol)	LoRa Demodulator SNR
6	64	-5 dB
7	128	-7.5 dB
8	256	-10 dB
9	512	-12.5 dB
10	1024	-15 dB
11	2048	-17.5 dB
12	4096	-20 dB

图7-5　LoRa低于噪音的检出对比图

7.2.7　LoRa的速率自适应技术

速率自适应（Adaptive Data Rate，ADR）是LoRaWAN的一个优势，网络根据终端当前的无线信号传播条件，选择最合适的SF和发射功率，减少终端发射功率和发射时间，降低整个网络的干扰，提高终端的续航时间。

ADR的实现原理是LoRa的网络服务器根据终端的多个上行帧的RSSI（Received Signal Strength Indication，接收的信号强度指示）和SNR值（Signal to Noise Ratio，信噪比），根据网关1301芯片的检出门限，计算终端可以采用的最佳SF。

当SF调整到SF7后，如果RSSI和SNR依然有余量，则可以继续降低终端的发射功率TxPower。

计算完成后，通过ADR MAC命令发送给终端。

终端侧接收到ADR MAC命令后，按照NS命令调整自己的工作SF值。

如果上行包发送失败，则终端会主动先将TxPower调整到最大，如果依然失败，则将SF调整，从SF7到SF12方向调整，直至调整到SF12。

详细的ADR控制过程消息交互如图7-6所示。

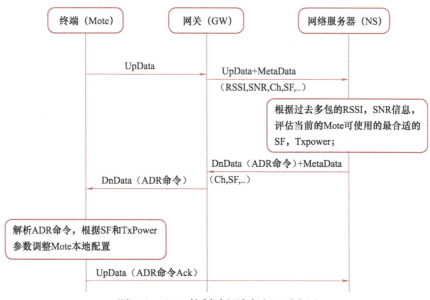

图7-6　ADR控制过程消息交互时序图

因此ADR总的调整思路是网络增速降功率，终端增功率降速。

由于物联网的帧发送间隔较长（数分钟至数小时），ADR主要适用于静止类型终端。对于移动类型终端，无线侧信号变化很快，网络无法评估其信号质量，因此不适用。

7.2.8　LoRa的工作频段

LoRa主要工作于SubG（Sub 1GHz，1GHz频谱以下）的ISM频段，在不同国家和地区，ISM频段不同。主要如下：

* 欧盟区域：EU 863-870MHz。
* 北美区域：US 902-928MHz。
* 欧盟区域：EU 433MHz。

* 澳大利亚：Australia 915-928MHz。
* 中国区域：CN 433、470-510MHz。
* 亚太区域：AS 923MHz。

7.2.9 LoRa技术优势

LoRaWAN的主要优势是采用了为物联网优化的网络，网络架构轻载，协议栈极度优化和简化，具有灵活可扩展的特性，非常适合企业级物联网网络搭建和运营。同时LoRa网络还有五大技术优势：

一是广覆盖，室外业务LoRa网关的覆盖距离通常在3～5km的范围，室内业务也达到1km范围，空旷地域甚至高达15km以上，整体覆盖范围超过传统蜂窝网络。

二是低功耗，终端电池（各种类型锂电池、碱性电池或可充电电池）供电可以支撑数年以上。

三是高容量，GSM基站通常支持几千个终端连接，家用ZigBee、wi-fi网关一般支持仅有几十个的终端连接，LoRa网关得益于终端无连接状态的特性，不同的话务模型，可支持几万个终端连接。

四是网络通信成本极低，网关汇聚所有终端数据再从运营商IP网络回传，不需要每个终端都安装物联网卡。

五是LoRa在安全方面具备双重端到端加密、双向认证和完整性保护等特性，可有效防止数据窃听，对所有网络数据流量进行加密保护。

7.3 LoRa应用领域

7.3.1 智慧社区

近年，随着智慧城市的推广以及新一代高新技术的普及，"智慧社区"作为智慧城市的重要载体和城市智慧落地的触点，智慧社区的建设开展得如火如荼。智慧社区是"互联网+"时代社区管理的一种新理念，是新经济形势下社会管理创新的一种全新模式。智慧社区是指充分利用物联网、云计算、移动互联网等新一代信息技术的集成应用，为社区居民提供一个安全、舒适、便利的现代化、智慧化生活环境，从而形成基于信息化、智能化社会管理与服务的一种新的管理形态的社区。

从近些年国内的社区智慧化建设来看，智慧化既包括老旧小区的智慧化改造，也包含大型地产或物业集团新建的智慧小区或智慧公寓等。因此对应的应用服务内容既有面向政府的社区治理和公共安全管理需求，也有面向民生的智慧化公共服务需求，同时针对物业或地产商还有提升管理与智慧化服务的体验要求。

智慧社区解决方案依据住建部发布的智慧社区建设指南，利用物联网、大数据、云计算等新一代信息技术整合社区资源，依托一张统一的标准，覆盖社区室内、室外的LoRa物联网络以及在社区内的各类终端传感设备（水电气表计、资产管理、设备状态监测、环境监测、水质监测、车辆管理、安防报警、人员定位等物联网设备等），为社区居民提供高效、便携和智慧、安全的服务，为社区运营及工作人员提供集规划部署、日常运维、实时感知在内的设备全生命周期管理，同时整网可支持快速的功能扩展并与第三方系统对接，让社区网络更好地为运营方提供业务服务。智慧社区方案架构如图7-7所示。

图7-7　LoRa智慧社区方案整体架构图

智慧社区以典型应用为切入点，围绕民生服务、社区管理、社区治理三大场景，部署LoRa丰富的物联网应用，提升社区安全，助力物业公司减少运营成本、提升管理效率和服务水平，提升用户的居住体验和智慧生活指数。

1）社区公共安全及综合治理应用。

智慧社区公共安全及综合治理集成了社区消防管控、出租屋管理、特殊人员（志愿者等）定位管理、社区信息发布系统等，为社区治安管理提供高效、可靠、综合的管理手段，在平安社区的基础上提供物联的基础数据，进一步保证社会稳定。社区公共安全综治范例如图7-8所示。

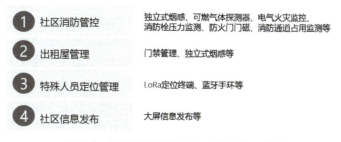

图7-8　智慧社区公共安全及综合治理范例

2）社区民生公共服务。

服务智慧社区工作人员和小区居民，包括远程抄表、智慧养老服务、二次供水水质监测、环境监测、智能家居、宠物跟踪等。社区公共服务范例如图7-9所示。

3）社区智能公共管理。

服务社区智慧化的管理，包括智能垃圾桶、智能停车、井盖管理、智能门禁、照明管理等。一方面亟需提升智能化管理水平来提高居民的满意度，另一方面通过智能化管理实现人工维护成本的降低，有助于在物业费持平的情况下增加盈利空间和提升服务水平。社区公共管理范例如图7-10所示。

序号	类别	说明
1	远程智能抄表	智能LoRa水表、电表、燃气表等
2	智慧养老	红外人体移动侦测（PIR）、一键求助SOS、独立式烟感、可燃气体探测器、温湿度传感器、智能门磁等
3	智能家居	智能门磁、门锁、开关、插座、红外人体移动监测传感器、空气质量温湿度、PM2.5监测、水浸传感器、一键求助SOS等
4	环境、水质监测	微型气象站（含扬尘、噪声等）、二次供水水质监测、水位监测、河道水质水位监测等
5	土壤监测、智能灌溉	土壤墒情（温湿度）、绿化带滴灌控制等应用
6	智慧公厕	厕位占用、异味监测、水表、电表、一键呼叫、智能开关、温湿度、智能照明、垃圾桶监测、积水监测等

图7-9　智慧社区公共服务范例

序号	类别	说明
1	智能停车	地磁传感器、车位摄像头等
2	智能井盖	窨井井盖与水位监测一体化传感器等
3	智能环卫	垃圾桶监测等
4	照明管理	智能单灯控制器等
5	能耗监测	智能计量开关等应用

图7-10　智慧社区智能公共管理范例

7.3.2　智慧消防

改革开放以来，国家在经济发展和城市建设方面取得了巨大的进步和发展，但火灾仍是现实生活中最常见、最突出、危害最大的一种灾难，是直接关系到人民生命安全、财产安全的大问题。当前城市消防建设中存在大量的安全隐患问题亟需解决，主要表现在：

1）城市中存在大量消防安全监控盲点的"九小场所"（即小学校、小医院、小商店、小餐饮场所、小旅馆、小歌舞娱乐场所、小网吧、小美容洗浴场所、小生产加工企业）。

2）由于线路老化或破损、过负荷、接触不良而造成电气火灾安全隐患。

3）城市燃气广泛使用带来的燃气泄漏所引发的爆炸、中毒和火灾等安全事故。

4）由于消防栓水压不足或无水，造成不能及时扑灭火灾而导致灾难扩大。

为解决这些难题，2017年10月10日，公安部消防局发布了《关于全面推进"智慧消防"建设的指导意见》（公消【2017】297号）。意见要求，按照《消防信息化"十三五"总体规划》要求，综合运用物联网、云计算、大数据、移动互联网等新兴信息技术，加快推进"智慧消防"建设。"智慧消防"势在必行。"智慧消防"的建设已经成为国家消防战场的当务之急，是"平安中国"建设的客观需求，是"智慧消防"建设的重要组成部分，是消防社会化治理的基础条件，是消防改革和职能转变的必然趋势。

"智慧消防"是利用物联网，通过大数据、云计算、移动互联网等新一代信息技术，将消防设备监测到的数据实时传至云平台。在新建的高层住宅应用城市物联网消防远程监控系统，对消防设施、电气线路、燃气管线、疏散楼梯等进行实时监控，在老旧的高层住宅建筑加装独立式感烟火灾探测报警器、独立式可燃气体探测器、智慧用电监测终端、无线手动火灾报警按钮、无线声光报警器等设施。平台对收集到的数据进行监测、统计、分析和信息共享，做到事先预警、事中处理，全面提升社会单位消防安全管理水平和消防监督执法效能。

（1）火灾报警监测终端

在"九小场所"部署智能无线独立式光电感烟火灾报警探测器、无线声光报警器、无线手动火灾报警按钮等设施，及时探测火灾并发出声光报警，提醒人员及时撤离。火警检测通信如图7-11所示。

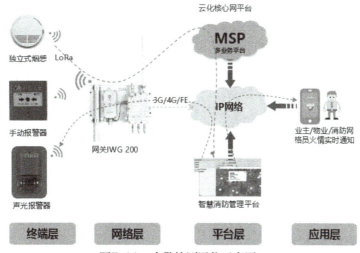

图7-11　火警检测通信示意图

（2）电气火灾监测终端

在低压（220V/380V）配电柜里面部署电气火灾监测终端，实现准确、全天候地监测电气线路中的剩余电流、电流、温度等变化，把用电情况转换成可视的数字化监控，实时采集电路运行数据并进行分析。当监测到电气线路的剩余电流、电流或温度异常，且其参数到了报警阀值时，迅速发出用电安全隐患预警，把电气火灾消灭在萌芽状态，大幅度降低用电安全事故发生的几率。电气火灾监测如图7-12所示。

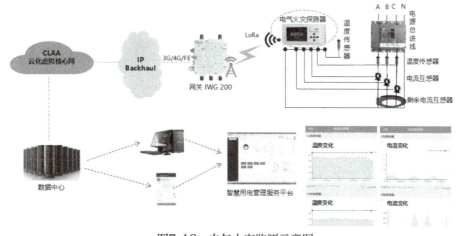

图7-12　电气火灾监测示意图

（3）消防水系统监测终端

部署投入式液位计实时监测消防水池/高位水箱水位变化，部署无线压力变送器实时监测消防管网的水压，超过阈值（过高/过低）则产生报警。消防水系统监测如图7-13所示。

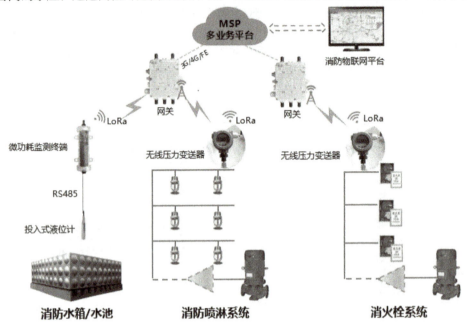

图7-13　消防水系统监测示意图

（4）可燃气体探测报警器

通过可燃气体探测报警器对周围环境中的低浓度可燃气体（管道天然气/液化石油气/人工煤气）进行实时连续采集，通过LoRa网络远程发送到消防物联网平台。当燃气浓度超过安全设定值时，报警器会启动声光报警，提醒用户及时处理险情。同时可以启动关联的排风扇，自动排除有害气体，或者启动关联的机械手或者电磁阀，切断有害气源。可燃气体探测报警如图7-14所示。

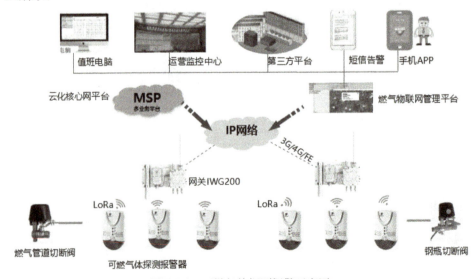

图7-14　可燃气体探测报警示意图

7.3.3 智慧农林

农业信息化就是要将信息技术应用贯穿于农业发展的各个方面和整个过程。加速改造传统农业，大幅度提高农业生产效率和生产力水平，全面促进农业可持续发展，大力推进农业现代化进程的发展。传统农业向智慧农业转化如图7-15所示。

图7-15 传统农业向智慧农业转化图

LoRa实现了农业节点的互连，无通信费用、低功耗、低成本、传输距离远等特点，使它在农业现场的大规模应用成为现实。比如，在水质、二氧化碳浓度、温度、湿度、病虫害的监测上，采集设备信息可以通过LoRa模块传递给控制调度中心，根据实时的数据分析，进行自动灌溉、自动喷药等措施。

在智能灌溉物联网解决方案中，一般采用通用传感器平台外接多种农业传感器的方案，主要外接土壤温湿度监测传感器、电导率和自保持式电磁阀等。通用传感装置GSP平台如图7-16所示。

（1）土壤温湿度监测传感器

智能灌溉物联网解决方案中，最主要的输入信源是农作物的土壤温湿度情况。所采用的土壤温湿度传感器是将土壤水分和土壤温度传感器集于一体，方便土壤墒情、土壤温度的测量研究，具有携带方便、密封性好、高精度等优点。

图7-16 通用传感装置GSP平台示意图

传感器的土壤水分部分是基于频域反射原理，利用高频电子技术制造的高精度、高灵敏度来测量土壤水分的传感器。通过测量土壤的介电常数，能直接稳定地反映各种土壤的真实水分含量，还可测量土壤水分的体积百分比，是目前国际上最流行的土壤水分测量方法。土壤温湿度传感器如图7-17所示。

通过土壤温湿度监测传感器，可分层采集各灌溉区域土壤含水率数据。通过所搭载的GSP平台，发送数据至LoRa网关，网关再将数据上送至云平台，解析后由应用层分析处理，从而智能控制电磁阀门的开关与闭合，来实现自动喷淋。

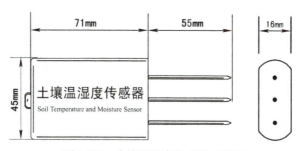

图7-17 土壤温湿度传感器示意图

（2）土壤电导率传感器

土壤电导率是测定土壤水溶性盐的指标，而土壤水溶性盐是土壤的一个重要属性，是判定土壤中盐类离子是否限制作物生长的因素。土壤中水溶性盐的分析，对了解盐分动态、作物生长以及拟订改良措施具有十分重要的意义。

土壤电导率传感器主要是由石墨电极和传感器两部分组成。传感器部分利用交流恒流源作为土壤电导率探头的激励源，能有效消除土壤接界面电势与电极极化引入的干扰误差，是测量土壤电导率的最佳方法。土壤电导率传感器如图7-18所示。

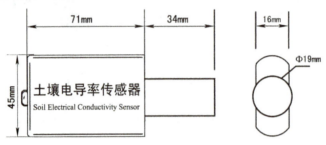

图7-18　土壤电导率传感器示意图

土壤电导率与土壤肥力正相关。利用该传感器可间接测量土壤肥力，并通过GSP平台与网关通信，上传数据。

本章详细描述了LoRa物联网技术的发展历史和技术特性，是对LoRaWAN技术规范的详细解读，希望学生能通过本章学习，对LoRa物联网技术有一个大致的了解。在普遍缺乏中文资料的情况下，能够掌握LoRa技术，为后续课程实践打好基础。

1）简述LoRa商业模式。
2）详细描述一下LoRa的技术优势。
3）画出LoRa网络架构以及各个网元的功能作用。
4）模拟一个终端数据上报，画出完整的消息时序图。
5）自己通过查阅资料，学习了解在园区管理场景中，列出有哪些适合的物联网终端。

第8章

LoRa实验设备研究与使用

本章概述

本章详细介绍LoRa模组、终端、网关、网络服务器和应用平台的开发应用。

学习目标

通过实操，掌握LoRa模组、终端、网关、网络服务器和应用平台的实现。使用实验箱里的设备，实现一个智能滴灌的实验过程。

8.1 LoRa模块介绍

8.1.1 模块产品介绍

LoRa模块集成了LoRaWANTM协议栈，符合LoRa Alliance发布的LoRaWANTM Specification 1.0.2 Class A\B\C协议标准与CLAA发布《TES-003-CLAA对中国470M-510M频段使用技术要求V1.3.9》的应用规范。

模块采用串行接口与用户设备进行数据、指令交互，可以方便地为用户提供快速LoRaWAN网络接入和无线数据传输等功能。模块固件功能框图如图8-1所示。

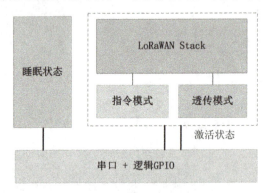

图8-1 模块固件功能框图

（1）模块状态控制

LoRa模块提供了多个对外引脚供用户操作，功能引脚描述见表8-1。

表8-1 模块功能引脚

功能引脚	I/O方向	描述	
WAKE	Input	状态切换引脚	
		高电平	模块进入激活状态
		低电平	模块进入休眠状态
MODE	Input	模式切换引脚	
		高电平	模块进入指令模式
		低电平	模块进入透传模式
BUSY	Output	模块忙信号输出	
		模块初始化	① 上电后，BUSY默认为低电平 ② 模块初始化完成后，输出高电平 ③ 此时，若模块处于透传模式，BUSY会立即拉低，开始执行加入网络等操作

（续）

功能引脚	I/O方向	描述		
BUSY	Output	模块忙信号输出		
		数据通信	高电平	模块空闲。用户MCU可以继续向模块写入数据
			低电平	模块忙。用户MCU暂停向模块写入数据
STAT	Output	STAT引脚表示入网状态		
		入网阶段	高电平	模块入网成功
			低电平	模块未入网，用户需等待入网成功
		STAT引脚表示本次数据通信的结果		
		数据通信	高电平	本次空口数据通信发\收成功
			低电平	本次空口数据通信发\收失败
TXD	Output	模块串口发送端（TX）		
RXD	Input	模块串口接收端（RX）		

（2）模块AT指令简介

发送设置指令给模块后有表8-2所列3种可能的响应。

表8-2 设置指令的响应指令表

响应1	OK	设置成功
响应2	BAD PARM	参数错误
响应3	ERROR	未知错误

发送查询指令给模块后有表8-3所列2种可能的响应。

表8-3 查询指令的响应指令表

响应1	+APPEUI:X1 X2…X8 OK	（以APPEUI：应用ID为例）查询成功，返回APPUI的值
响应2	ERROR	未知错误

更详细的AT指令集详见《LSD4WN-2N717M91（LoRaWAN End Node）产品使用说明书_Rev03_180709.pdf》，文档链接为http：//rf.lierda.com/index.php/Home/DataDownload/index.html。

8.1.2 LoRa开发板介绍

开发板整体由充电电路、DC-DC电源、MCU、LoRaWAN模块、传感器、按键指示灯、外部扩展液晶接口组成，结构框如图8-2所示。

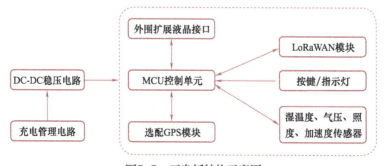

图8-2 开发板结构示意图

开发板硬件接口如图8-3所示。

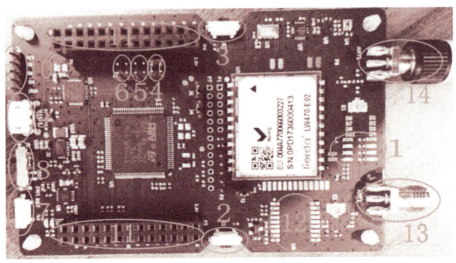

图8-3 开发板接口说明

开发板接口详情见表8-4。

表8-4 开发板接口详情表

1	LED指示灯	8	电源选择按键
2	K1按键	9	串口转USB接口
3	K2按键	10	MCU烧写口
4	UART2（MCU）→USB	11	LCD接口
5	UART1（MCU）→USB	12	GPS模块（选贴）
6	LPUART1（NODE）→USB	13	GPS天线接口
7	复位按键	14	LoRa天线接口

开发板功能介绍

该开发板含有一个开放的MCU（STM32L476），学习者可以在这个MCU内进行任意程序的开发，如利用开发板上已有的温湿度传感器，设计一个通过LoRaWAN模块定时上报的温湿度数据。

另外还提供一个基础版的学习代码，该代码可以通过串口工具对LoRaWAN模块进行参数的配置，可以让LoRaWAN模组进行入网通信，也可以通过串口工具发送自定义的数据。如果配套有触摸液晶板，也可以支持在液晶界面上进行各式操作。该代码可以作为用户自定义开发的一个基础工程。

8.2 LoRa终端介绍

8.2.1 终端概述

物联网涉及各行各业，业务复杂多样，涉及的物联网终端也是多种多样。很多物联网终端厂家能够提供一体化物联网终端，比如，独立式烟感、智能水表、智能电表、井盖、地磁等。除此之外，灵活多用的通用传感器硬件平台也是物联网业界研究的方向。通过一个通用硬件平台，实现统一的无线LoRa通信，提供多种接口适配行业各种各样的传感器，集多种业务功能于一身，能够大幅降低传统行业物联网化的门槛。

中兴克拉正是基于此理念，提供通用传感装置平台GSP（General Sensor Platform），该平台的目标如下。

* 通过GSP平台二次开发，能够低成本、快速地满足客户定制化需求。
* 能够满足三路多种信号的输入处理和对外控制。
* 满足绝大部分场景防护等级和多种供电方式。

8.2.2 终端功能详解

GSP平台产品主要组成包括主控板、电源板或电池、AES（Application Extended Subcard）子卡（可选）、AFE（Analog Front End）子卡（可选）、机壳、LoRa天线、外接各种传感器。GSP产品外观如图8-4所示。

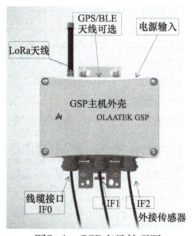

图8-4　GSP产品外观图

GSP产品内部结构如图8-5所示。

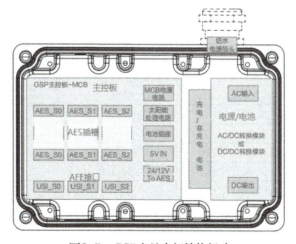

图8-5　GSP产品内部结构组成

GSP平台主控板可以满足三路多种信号直接输入处理，包括I2C、UART、ADC、DIO；还可以直接提供2.4V、3.3V、5V、VBAT等多种电压供电。主机性能参数见表8-5。

表8-5 主机性能参数表

序号	参数类型	技术指标
1	LoRa工作频率	470~510MHz
2	LoRa通信速率	292bit/s~5.4kbit/s（@125kHz）
3	LoRa接收灵敏度	SF12≤1.6W
4	LoRa发射功率	最大0.05W
5	LoRa工作模式	半双工，同频
6	LoRa天线增益	-2dBi
7	LoRa天线形式	外置天线，SMA连接
8	LoRa天线尺寸	Φ10mm*80mm
9	传感器接口	M20接口，3个
10	电源输入接口	M20接口，1个
11	整机尺寸	162mm*108mm*46mm
12	待机功耗	10μA
13	防水防尘	IP67

产品形态主要分两种，一种是传感组件内含AFE子卡（Analog Front End），直接连接在GSP平台主机上；一种是通过线缆将外部传感器接入主机在AES子卡（Application Extended Subcard）或者主板上直接处理。

GSP可以外接非常多种类的传感器，部分传感器示例见表8-6。

表8-6 传感器组件、型号和功能描述表

传感组件名称	子卡型号	功能描述
1路485组件	AES20 DTU10	提供对485接口设备4档电压供电，支持外部5V对系统供电
数字量I/O组件：外部电源6DI+6DO	AES20 DIO10	5V供电，外接继电器组或接触器，光耦隔离保护，抗干扰可与工业现场大功率负载连接
数字量I/O组件：内部电源4DI+6DO	AES20 DIO20	子卡可接入12/24V电源，6路每路12/24V 300mA，7W直接驱动DC电磁阀、指示灯等负载
模拟量I/O组件：4路电压+2路电流输入	AES20 AIO10	3路电压、1路电流可提供4路电压对传感器供电
大气压力温湿度	AFE20 ATH10	气压测量传感器，低成本场景使用
土壤温湿度	AES20 AIO10	集成传感器，与AES20 AIO10配合使用
超声波液位	AES20 USD10	集成一体化
压力组件	NA	线缆连接投入式压力传感器
压力组件	NA	壳体一体化集成压力传感器
物位探测	AFE20 ATH10	GSP版本地铁列车监测
臭气监测	AFE20 GS10_STC	STC: Stench
火焰探测	AFE20 FRD10	
铂电阻温度组件	AES20 PT10	3路2线制输入，可取消该子卡定义，使用VCS20子卡，可支持4路铂电阻输入
CH_4测量	AFE20 GS10_CH4	

（续）

传感组件名称	子卡型号	功能描述
CO_2气体测量	AFE20 GS10_CH4	工业级测量
颗粒物测量	AES20 PMD10	使用G10模块，一个半槽位子卡
室内空气质量监测（TVOC+CO_2、温湿度、大气压测量）	AFE20 IAQ10	非工业级，室内空气质量监测，TVOC/CO2、温湿度、大气压一体化组件
百叶盒气象综合	AES20 DTU10	集成传感器，与AES20 DTU10配合使用，降成本可单独采购颗粒物传感器
噪声测量	AES20 NSD10	独立高质量噪音监测
拉力/载荷测量	AES20 AIO10	PF（Pulling Force）
明渠流量	AES20 DTU10	FM（FlowMeter）
照度计	AFE20 IM10	IM（IlluminoMeter）可以与SSP/GSP平台配合，优先SSP
人体红外	AFE20 PIR10	PIR（Passive InfRared）可以与SSP/GSP平台配合，优先SSP
测温线缆（3路测温线缆输入，2路DO输出）	AES20 TMC10	TMC（Temperature Measuring Cable），SSP/GSP
智能通风系统专用温湿度	AES20 ATH20	专为智能通风系统设计，适合测量仓内仓外温湿度数据，采用粮库专用烧结铜网防护设计
PH_3气体测量	AFE20 GS10_PH3	工业级气体测量
O_2气体测量	AFE20 GS10_O2	工业级气体测量
N_2气体测量	AFE20 GS10_N2	工业级气体测量
O_3气体测量	AFE20 GS10_O3	工业级气体测量
CO气体测量	AFE20 GS10_CO	工业级气体测量
NOX气体测量	AFE20 GS10_NOX	工业级气体测量
SO_2气体测量	AFE20 GS10_SO2	工业级气体测量
模拟量I/O组件：2路电压+2路电流输出；2路电压+2路电流输入	AES20 AIO20	阀控调节，增加模拟输入类型
模拟量I/O组件：3路电压+4路电流互感器输入	AES20 AIO30	电气火灾/电器柜监测专用
模拟量I/O组件：4DI+4路短时大功率DO	AES20 DIO30	电控锁专用
485+韦根读卡器通信	AES20 DTU20	门禁读卡器专用
MBUS仪表通信	AES20 DTU30	MBUS专用
水浸监测（线型+点型）	AES20 WL10	2路线型线缆输入，4路点型线缆输入
阀控系统子卡（2路双稳态电磁阀+2路铂电阻）	AES20 VCS10	
阀控系统子卡（4路双稳态电磁阀+4路铂电阻）	AES20 VCS20	专用于居民楼供暖测温阀控应用，也可单独用于低功耗阀控及测温场景
GPS/BLE二合一子卡	AES20 GB10	GPS，蓝牙定位

8.3 LoRa网关介绍

8.3.1 网关概述

LoRaWAN网关是LoRaWAN网络接入侧设备,负责接入各种符合LoRaWAN协议的各类物联网终端。LoRaWAN网关(LoRaWAN Gateway)在LoRaWAN网络中的位置如图8-6所示。

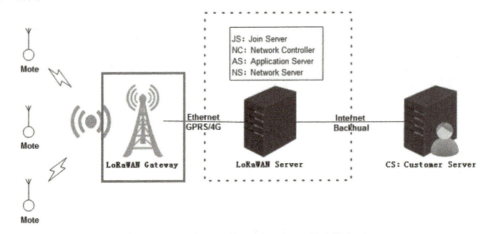

图8-6　LoRa网关在LoRaWAN网络中的位置

物联网无线网关IWG 200(IoT Wireless Gateway)的主要功能包括接入各类LoRa应用节点,实现链路安全、数据加密通信、压缩等功能,支持3G/4G及有线FE数据回传,支持Wi-Fi就近无线配置管理,支持GPS/BeiDou定位并提供授时功能,支持220V市电、POE、太阳能等多种方式供电。IWG200主机单元性能参数见表8-7。

表8-7　IWG200主机单元性能参数表

序号	参数	技术指标
1	工作频率	470~510MHz
2	通信速率	292bit/s~5.4Kbit/s(@125kHz)
3	接收灵敏度	SF7≤-126dBm SF10≤-136dBm SF12≤-140dBm
4	发射功率	17dBm(天线口23dBm Max)
5	业务信道	8ch上行,1ch下行
6	工作模式	全双工/半双工,同频/异频
7	定位功能	GPS/BeiDou定位并授时
8	数据回传	3G/4G、FE可选

（续）

序号	参数	技术指标
9	整机功耗	5W（典型值）
10	工作温度	-40~75℃
11	整机尺寸	180mm*200mm*55mm
12	防水防尘	IP66
13	供电方式	可选市电供电、POE供电、光伏供电
14	无线管理	支持Wi-Fi就近管理，远程版本升级

8.3.2 网关安装说明

IWG系统由主机单元IWG200、交流电源模块单元ADM300、电源防雷模块单元PIM200、天线套件、天馈避雷器、安装支架背板等构成，如图8-7所示。

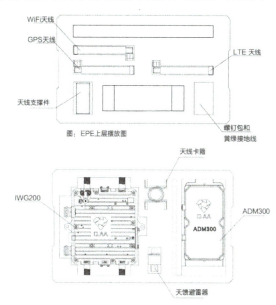

图8-7　IWG系统构成图

IWG200主机接口说明见表8-8和图8-8。

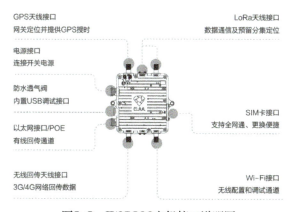

图8-8　IWG200主机接口说明图

表8-8　IWG200主机接口说明

序号	主机接口	接口功能	对应外部连接	天线接头丝印
1	NANT1	窄带天线接口1（连接LoRa天线）	LoRa	L
2	NANT2	窄带天线接口2（为定位功能预留）	不支持定位功能时不接天线	无
3	GPS	GPS天线接口	天线标签：GPS	G
4	BANT1	宽带天线接口1（Wi-Fi）	天线标签：Wi-Fi	W
5	BANT2	宽带天线接口2（连接LTE天线）	天线标签：LTE	L
6	ADM/SOP	电源供电接口	ADM300输出或光伏供电电源端口	无
7	LAN/BOM	有线数据回传接口/POE供电	连接有线FE网线/POE供电	无
8	WBV/DBG	防水透气阀兼调试接口	无	无

网关系统连接安装过程如图8-9～图8-11所示。

步骤一：采用M6螺钉将IWG200主机到背板上；采用M5螺钉将AD300电源模块固定到背板上，将天线支撑件固定到背板上，将天馈避雷器固定到主机的NANT1接口，并用扳手拧紧N型接口螺纹口，如图8-10所示。

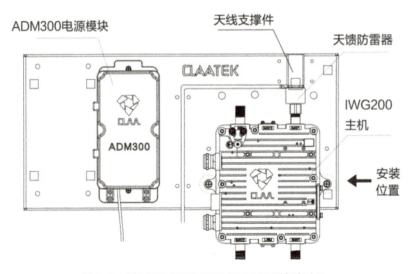

图8-9　固定IWG200/ADM300和天馈避雷器

步骤二：装配四根天线，天线与主机对应接口请参照表8-8，并且一定要用扳手拧紧N型接头的螺纹口，在LoRa天线和天馈避雷器的接口处固定好天线卡箍，注意天馈避雷器的接地线要从天线卡箍侧边开口处穿出。如图8-10所示。

步骤三：接地连线，请将天馈避雷器的黄绿接地线连接到ADM300的接地螺柱1上，并用黄绿接地线将IWG200主机上的接地螺柱连接到ADM300的接地螺柱2上，然后用扎带将两根黄绿接地线固定好。如图8-12所示。

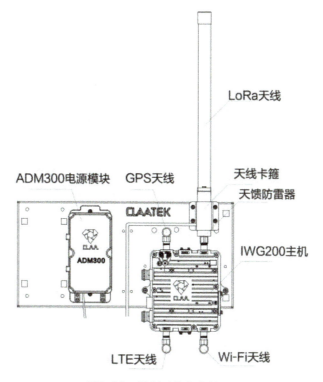

图8-10　装配天线和卡箍

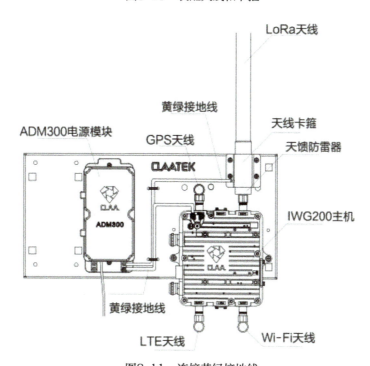

图8-11　连接黄绿接地线

步骤四：接通ADM电源线，在IWG200主机插入SIM卡或者接通有线网线即可实现网关上电上网。

SIM插卡方向如图8-12所示。

图8-12 SIM插卡方向示意图

步骤一：取下主机侧边的金属盖板（注意防水垫圈不要脱落丢失）。

步骤二：将SIM卡按主机机壳上图形指示方向（见图8-12）正确插入主机内的SIM卡槽中，听到"咔嚓"声说明接触良好，如果需要将卡拔出，需要用力推卡末端，SIM卡会自动弹出。

步骤三：SIM卡插好后，将金属盖板盖上（确保防水垫圈加上），并锁紧螺钉防止进水。指示灯功能说明如下。

- 自检：系统上电硬件自检，各LED灯依次闪烁，自检完成后仅电源灯长亮。
- PWR：电源指示灯。开机常亮蓝色。
- WNS：MSP指示灯。绿灯常亮表示网关和MSP服务器已经建链成功；红灯常亮表示网关和MSP建链失败。
- WBS：LTE指示灯。绿灯常亮表示LTE链路正常；绿灯闪烁表示LTE链路有数据；红灯表示LTE链路异常；不亮表示未插入SIM卡。
- LAN：有线网口指示灯。蓝灯常亮表示有线链路正常；蓝灯闪烁表示有线链路有数据；不亮表示有线链路异常。

8.3.3 网络性能测试

IWG 200网关安装完成后，可以用专用测试终端MWT T20进行网关覆盖性能测试。MWT T20如图8-13所示。

图8-13 测试终端MWT T20测试图

T20测试终端测试指标的含义如下。

- FREQ：发射使用的频点。
- SF：发射使用的扩频因子。
- PWR：发射功率。
- FCNU：发包计数（0-65535）。
- FCND：收包计数（0-65535）。

- RSSI:终端接收信号强度指示。
- SNR:终端接收信噪比。
- UP_LOSS:上行丢包计数。
- DOWN_LOSS:下行丢包计数。
- GWN:收到终端数据包所有网关的数量。
- GW_EUI(网关ID):发给终端数据的网关ID后4个字节。
- GW_RSSI:网关接收最优的信号强度指示。
- GW_SNR:网关接收最优的信噪比。

覆盖距离测试:以网关为中心,逐渐拉远T20与网关的距离(最远可以拉远到15km,一般是通过驾驶车辆进行路测),根据上下行的丢包数据统计,评估网络覆盖情况,极限情况为丢包率不大于10%。

8.4 LoRa网络服务器介绍

8.4.1 网络服务器概述

LoRaWAN是采用Semtech公司LoRa技术构建的低功耗无线广域物联网(LPWAN),由于其具备低功耗、低成本与传输距离远等特点,可广泛应用于各种场合的远距离低速率物联网无线通信领域,如自动抄表、市政设施监控、环境监测、无线安防、工业监视与控制等。

LoRaWAN网络服务器是LoRaWAN的核心网元,负责整个网络的连接管理和控制,安全接入终端,并将数据分发到用户应用。

LoRaWAN网络服务器在LoRaWAN网络中的位置如图8-14所示。

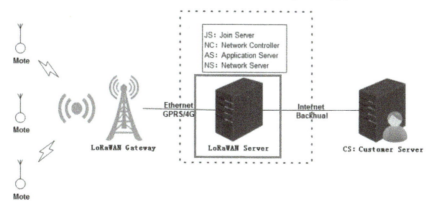

图8-14 网络服务器在LoRaWAN网络架构中的位置

按照Semetech定义的LoRaWAN网络参考模型,LoRaWAN网络服务器共有4种角色,包括:NS(Network Server,网络服务器)、AS(Application Server,应用服务器)、NC(Network Controller,网络控制服务器)和JS(Join Server,注册

服务器)。

NS：网络服务器，负责实现LoRaWAN的MAC协议栈，完成终端接入和LoRa帧的转发功能；负责完成对网关的接入认证和远程管理功能；负责实现对LoRaWAN网络的运维管理功能。

AS：应用服务器，负责完成物联网应用的相关逻辑处理；完成应用层数据加解密和客户服务器数据转发功能。

NC：网络控制服务器，负责控制网关和终端的无线射频参数，实现自适应数据速率调节策略，即依据链路质量实现终端节点的通信速率、功率和信道的自适应调节。

JS：注册服务器，负责终端业务的开通，完成LoRaWAN注册协议的处理，完成终端的注册认证和会话密钥分配。

另外，LoRaWAN还定义了客户应用服务器CS（Customer Server），它是用户自定义的服务器，与AS通过约定的接口规范实现互通，依据客户需求实现对终端应用数据的存储、处理和展示，以及对终端行为的控制。中兴克拉的英菲系列综合业务应用平台（InfiCombo）属于LoRaWAN所定义的CS，它提供统一数据解析框架和能力开放接口，支持各类传感终端的数据解析和应用呈现。

一般情况下LoRa网络服务器都是云化部署，客户可直接使用，免去本地硬件和运维成本。

8.4.2 网路服务器功能详解

LoRaWAN网路服务器作为LoRaWAN的核心连接控制设备，处于整个网络的中心位置。对终端侧，通过网关以星型组网方式接入LoRa终端；对应用侧，通过AS网元对外接入客户服务器CS。

LoRaWAN网路服务器实现LoRa协议栈，将LoRa终端数据完成解码，上行转发给CS，同时也将来自CS的数据编码成LoRa协议帧，下行转发给LoRa终端。LoRa网络服务器InfiLink平台逻辑功能如图8-15所示。

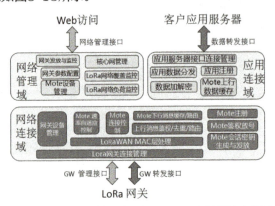

图8-15　LoRa网络服务器InfiLink平台逻辑功能图

如图8-15所示，InfiLink按逻辑功能划分包括3部分，网络连接域，应用连接域和网络管理域。

网络连接域： 该域实现对LoRa网关和LoRa终端的连接管理功能。

1）LoRa网关连接管理：该模块负责对LoRa网关的连接管理，每个LoRa网关上电后，会建立到InfiLink的一个TCP连接，后续该LoRa网关的所有消息均通过此连接传递，网关连接管理负责TCP连接的建立和状态监控，LoRa网关的上下行消息分发和路由等功能。

2）网关设备管理：该模块负责对LoRa网关进行远程管理，包括远程升级，基站接入认证鉴权，远程调试，状态监控，远程配置等功能。

3）LoRaWAN MAC层处理：该模块负责各LoRaWAN终端的LoRaWAN MAC层协议处理，对数据包、帧进行解析与封装，负责协议流程处理等。

4）Mote速率自适应控制：该模块负责实现LoRaWAN的ADR（Adaptive Data Rate，自适应速率）功能，根据LoRa终端的无线链路状况来选择最合适的扩频因子和发射功率，实现终端功耗最小化，提升网络容量。

5）Mote连接管理：为每个注册终端保留一个上下文，保存终端当前附着的网关信息，会话密钥，上下行帧序列号，无线链路信息，终端地址，Class A/B/C（3种不同的LoRa双向传输机制），缓存下行帧数据，下行帧发送状态等各种信息。

6）上行消息鉴权/去重/路由：对Mote上行消息进行合法鉴权，丢弃非法包；去掉重复包，对上行包查找对应的AppEui转发给应用连接域AS处理。

7）下行消息缓存/路由：把接收的下行包缓存下来，然后根据终端的目前类型，等待合适的发送窗口发送给终端处理。

8）Mote注册及鉴权放号：完成终端注册处理流程，对新接入终端分配对应的设备地址，用于后续数据分发，建立终端上下文。

9）Mote会话密钥生成与发放：根据终端的根密钥按照一定的算法计算出会话密钥，保存到终端连接的上下文中。

应用连接域： 该域实现对各客户应用服务器的连接管理，数据分发管理功能。

1）应用服务器接口连接管理：对于每个客户应用服务器，需要和InfiLink建立一个TCP连接，该模块就负责TCP连接的建立，状态维护和数据分发功能。

2）应用数据分发：完成应用上行数据的发送，下行数据的接收功能。

3）应用注册：对于应用的连接接入进入鉴权，鉴权通过则允许连接建立，否则不允许。

4）数据加解密：该功能可选，数据加解密可以位于客户应用服务器，也可以由InfiLink来完成，如果由InfiLink完成，则该模块负责数据帧的加解密功能。

5）Mote上行数据缓存：当InfiLink和客户应用服务器间的TCP链路中断，该模块可以缓存一定时间的应用上行包，待链路恢复后重新传送给客户应用服务器。

网络管理域： 该域实现对LoRaWAN整个网络的管理功能。

1）核心网管理：负责对InfiLink内部各模块进行管理，保证其正常运行，包括参数配置，信令跟踪，性能统计等功能；同时该模块也可实现终端和应用业务开通功能。

2）网关发放与监控：负责对LoRa网关的开通进行管理，同时监控各无线基站的运行状态（通过网络连接域的网关管理模块来实现）。

3）网关参数配置：负责对网关的参数进行配置，包括各信道的工作频点，InfiLink域名和连接地址等信息。

4）Mote设备管理：负责对LoRa终端进行管理，包括查询终端连接上下文信息，终端收发包统计信息，设置终端无线参数等功能。

5）LoRa网络覆盖分析：根据所有终端的当前无线信号质量分析目前的网络覆盖质量，用于网络优化。

6）LoRa网络负荷监控：根据基站上下行包的数量和时间占用，监控各基站的信道当前负荷。

8.4.3 网络服务器连通性测试

结合中兴克拉的LoRa网络连接管理平台、测试模拟工具LoadTester来介绍LoRaWan网络服务器的连通性测试过程，该平台云化部署，免费使用。（请登录官网http://www.claaiot.com/web/index.php/service/technology，联系中兴克拉公司，免费下载使用。）

测试目的

1）了解和掌握使用LoRa测试终端或测试工具LoadTester进行LoRa网络连通性测试。

2）快速验证网络服务器基本的数据转发功能。

测试内容

本测试主要目的是验证LoRaWAN网络服务器的数据转发功能，包括LoRa终端的注册帧、上行数据帧、下行数据帧的收发过程。

本测试使用了LoRa协议测试工具LoadTester，可以仿真LoRa终端和CS，实现LoRa数据帧发送、接收的闭环测试。LoRaWAN网络服务器InfiLink数据转发测试流程如图8-16所示。

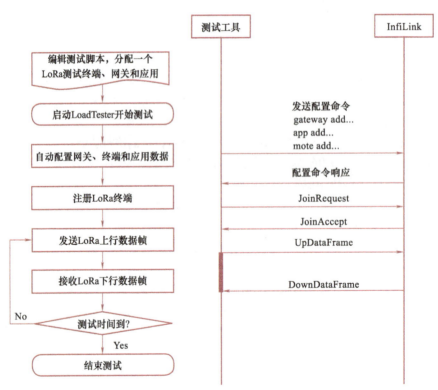

图8-16 LoRaWAN网络服务器InfiLink数据转发测试流程图

测试步骤：

1）设置InfiLink对外接入LoRa网关和CS的通信地址，启动InfiLink服务器所有网元进程，包括NS、AS、JS等进程。

2）编辑LoadTester测试脚本文件commandfile.txt，设置InfiLink通信地址，分配测试时使用的LoRa网关、应用和终端，并设定测试时长。

3）启动LoadTester开始测试。

4）LoadTester会依据测试脚本顺序完成LoRa网关、应用和终端在InfiLink网络服务器的开通以及模拟LoRa终端注册，并在设定的时长和发包频率，持续模拟LoRa终端上下行数据收发和CS的数据收发。

5）观察LoadTester测试终端界面，可验证InfiLink数据转发是否正常。

LoadTester测试终端界面如图8-17所示。

图8-17 LoadTester测试终端界面图

其中，测试结果示例如下。

1 Motes DataUp 156 caps 1 DataDown 112 Join 1（Lost0） JRcv 0 CsJack 0 CsRcv 156 TimeOutLost 0 Time 00：00：11

表示LoadTester模拟1个LoRa终端发注册帧一次，并且注册成功；LoRa终端连续发上行数据帧156个，模拟CS收到数据帧156个。此结果可验证InfiLink注册帧、上下行数据帧转发功能正常。

8.5 LoRa应用管理平台介绍

8.5.1 应用管理平台概述

LoRa应用管理平台为LoRa物联网应用提供综合性、平台化的支撑和管理框架，使各类应用系统可以快速部署和运行，同时为上层业务应用屏蔽底层数据协议的差异，使上层应用更加专注于业务特有逻辑。

基于业界LoRa物联网应用管理平台的研究与分析，物联网应用平台的主要设计目标包括如下几点。

- 提供统一的项目应用管理和开通功能，实现应用管理的集中化、快速化。
- 提供统一的项目应用管理和业务管理入口，方便系统访问和操作维护。

- 提供统一的数据解析框架和解析适配插件，灵活支持各类传感终端的数据解析和设备接入。
- 提供统一的业务流程框架和消息分发框架，增加应用系统的稳定性、可扩展性和灵活性。
- 提供统一的能力开放接口，支持不同应用系统之间的互联互通，促进物联网应用生态圈蓬勃发展。

LoRa物联网应用管理平台在架构设计方面，通常采用分层架构设计，同时引入微服务设计思路和理念，支持分布式部署。应用管理平台的服务形态通常表现为PaaS平台或SaaS平台，有效降低了物联网上层业务应用的开发和部署难度。

LoRa物联网应用管理平台通常包括设备管理、应用服务、系统支撑和能力开放四大类主体功能。其中，设备管理主要提供设备的配置、开通、维护等功能；应用服务功能主要提供物联网设备的拓扑展示、业务数据采集呈现于分析、业务告警监控、设备控制和业务逻辑策略调度等功能；系统支撑功能则包括安全管理、系统日志、系统任务、辅助配置等功能；能力开放主要是提供对外交互的API接口，实现不同物联网应用和业务系统之间的互联互通和信息共享。LoRa物联网应用管理平台架构如图8-18所示。

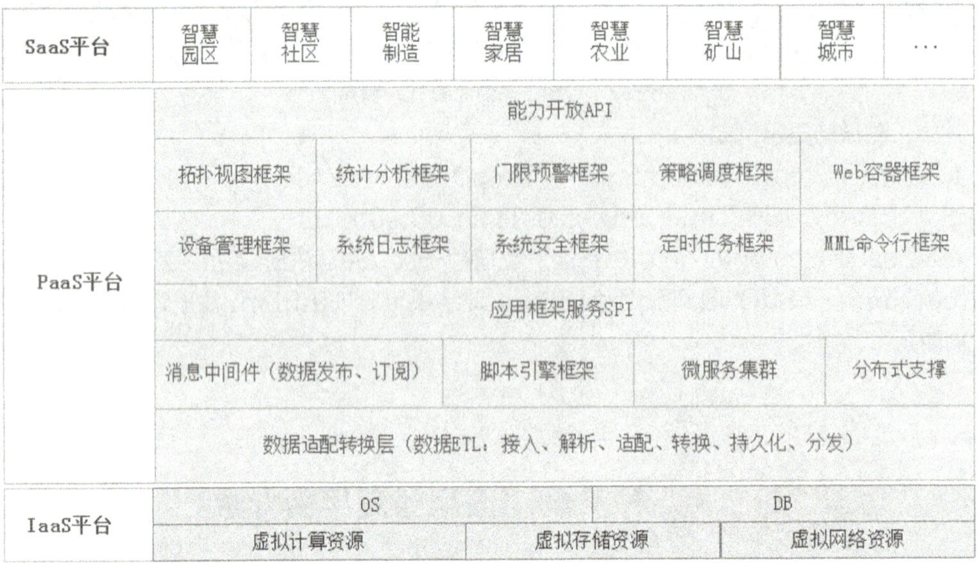

SaaS平台	智慧园区	智慧社区	智能制造	智慧家居	智慧农业	智慧矿山	智慧城市	...
PaaS平台	能力开放API							
	拓扑视图框架	统计分析框架		门限预警框架		策略调度框架		Web容器框架
	设备管理框架	系统日志框架		系统安全框架		定时任务框架		MML命令行框架
	应用框架服务SPI							
	消息中间件（数据发布、订阅）		脚本引擎框架			微服务集群		分布式支撑
	数据适配转换层（数据ETL：接入、解析、适配、转换、持久化、分发）							
IaaS平台	OS				DB			
	虚拟计算资源			虚拟存储资源			虚拟网络资源		

图8-18　LoRa网联网应用平台基本架构

8.5.2　应用管理平台功能详解

（1）设备配置与管理功能

项目配置：物联网应用管理平台通常采取以项目为单位的管理模式，即首先创建一个项目，然后基于项目进行设备配置和管理。项目定义包括项目编号、项目名称、项目描述、项目地址、项目负责人、项目客户等基本信息。项目信息配置界面如图8-19所示。

应用配置：LoRa物联网中，应用可依据应用标识（AppEUI）来区分，不同的AppEUI对应不同的应用。一个项目可包含一个或多个应用。LoRa应用的基本信息包括应用标识、应用名称、应用认证秘钥（AppAuthKey）等。应用配置界面如图8-20所示。

图8-19　项目配置界面

图8-20　应用配置界面

终端配置：LoRa设备配置主要是配置带有LoRa模组的传感终端，基础信息包括设备标识（MoteEUI）、设备应用根密钥（AppKey）、行为模板、服务模板、设备类型（A/B/C类）、LoRa版本等。这里，MoteEUI、AppKey需要统一规划和申请。终端配置界面如图8-21所示。

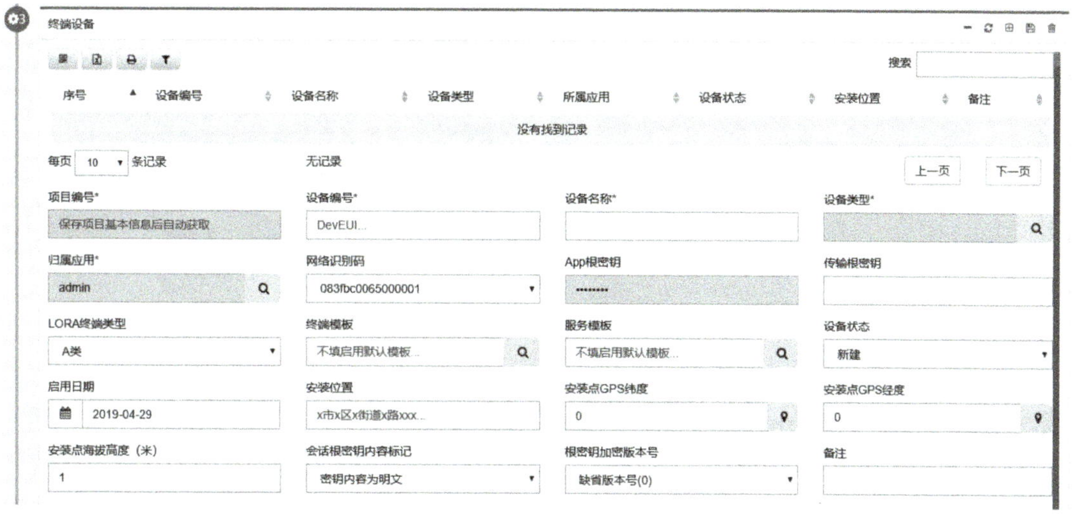

图8-21　终端配置界面

网关配置：LoRa网关配置主要是配置网关的标识（GWEUI）、网关认证密钥（GWKey）、网关名称、网关安装位置等信息。网关配置界面如图8-22所示。

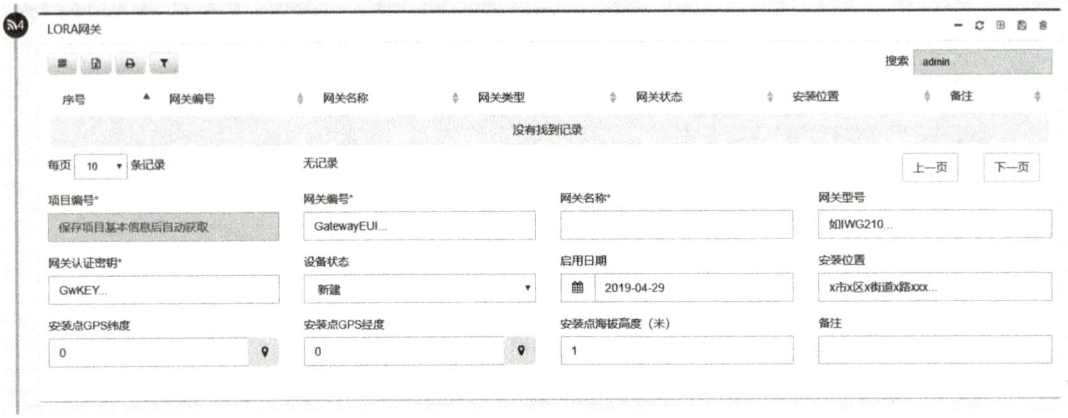

图8-22　网关配置界面

以上应用数据、终端数据、网关数据配置完成后，还需要下发到LoRa网络服务器中才能生效。这一过程称为放号开通，包括应用开通、网关开通和终端放号。

设备和应用配置完成并开通后，支持通过应用平台对其进行管理和维护，包括设备状态的查询、维护，设备的增、删、改、查、导入、导出等。

（2）业务应用管理功能

业务应用管理功能包括拓扑展示、数据查询分析、门限预警、指令下发、策略控制等，分别描述如下。

应用管理平台提供拓扑展示功能。基于GIS地图或矢量地图，展示项目设备的拓扑位置和关联关系。同时提供设备数据的关联查询、状态渲染、告警渲染、指令下发等附加功能。应用平台拓扑界面如图8-23所示。

图8-23　应用平台拓扑界面

应用管理平台提供统一的数据查询和展示功能。查询时支持设置查询条件（如查询时段、查询的设备类型、查询的设备对象等），应用平台自动根据设备类型确定待查数据模型，初始化查询结果的表格模型，并根据查询结果进行渲染和呈现。还支持数据统计分析，提供默认的几种分析方式（TOPN分析、时间趋势分析、分类占比分析等），并基于Echarts图形等形式进行可视化展示。数据查询界面如图8-24所示。

应用管理平台提供门限预警框架，支持门限任务定义，门限阀值设置，业务数据监听和门限自动计算，门限告警自动触发和恢复。同时支持设备告警上报和管理，告警的自动前转规则设置及前转推送（提供短信、邮件、APP移动端推送），以及告警延迟、过滤、重报抑制、自动恢复等规则。告警管理界面如图8-25所示。

图8-24 数据查询界面

图8-25 告警管理界面

应用管理平台提供指令下发框架。框架根据不同设备类型的指令模型定义，动态创建和展示指令设置界面，并提供统一的指令适配和下发流程。针对不同项目不同设备，支持人工或自动下发控制指令，设置或确认设备的某些工作状态，为日常维护提供支撑。

应用管理平台提供业务策略控制框架，支持业务规则和规则项的配置，提供业务流规则引擎，实现统一的业务流控制。支持预定义业务流规则和用户自定义的业务控制规则，实现设备的自动联动控制（典型场景如烟感控制报警器）。

业务流控制基本流程是针对若干数据源（传感器，如烟感、温度等传感器）的数据上报，定义一套数据监测和判断规则（简单的四则运算和逻辑运算），根据规则计算结果，控制另外一些设备（如报警控制器、控制电机等）执行特定的指令动作。

上述业务流控制插件的核心组件是业务流规则解析引擎，负责业务流规则的解析、规则结果的计算及输出。应用平台界面提供业务流规则的设置入口，用于规则设置。规则定义结果持久化到数据库中，供后台业务流规则引擎读取和解析。业务策略引擎工作原理如图8-26所示。

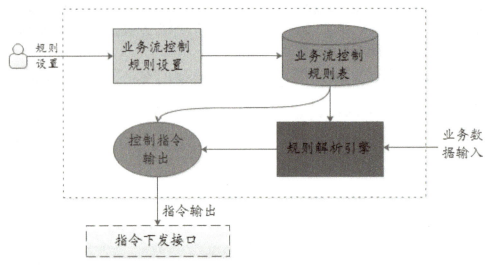

图8-26　业务策略控制引擎

（3）系统支撑功能

系统支撑功能包括角色管理功能、用户管理功能、日志管理功能、系统任务管理功能、系统参数设置功能等，这些功能为应用管理平台的运行提供基础支撑。

（4）能力开放接口

能力开放API用于对外开放物联网应用管理平台设备与应用管理功能，以及业务管理能力，以便和第三方系统对接，实现数据的共享访问。能力开放包括应用管理接口开放、网关管理接口开放、终端管理接口开放、业务数据接口开放、权限接口开放等。

8.5.3　应用管理平台配置

请登录官网（http://www.claaiot.com/web/index.php/partner）联系中兴克拉公司，免费获取中兴克拉的应用管理平台（InfiCombo）的访问地址、测试账号和密码。

登录InfiCombo访问地址，即可进行应用管理平台配置操作。完成在克拉应用平台上的项目创建和设备开通，对外提供物联网业务服务。

更多操作可以结合8.6小节学习。

8.6　智能滴灌端到端设计实验

8.6.1　系统简介

智能滴灌系统是基于LoRa网联网技术，通过土壤温湿度传感器实时监控土壤的湿度指标。云端服务器根据湿度指标值判断是否在合理区间，如果低于最低湿度阈值，表示土壤环境过于干燥，需要开启滴灌阀门进行滴灌。如果高于最高湿度阈值，表示土壤环境过于潮湿，需要关闭滴灌阀门停止滴灌。通过智能滴灌系统，可以自动调整土壤温湿度，改善土壤环境。

为使读者有一个具体的体验和认知，这里以业界领先的物联网企业中兴克拉科技的相关设备和系统做具体的实验步骤说明。

8.6.2 实验目的

通过具体实践操作，熟悉业界主流物联网设备和系统的基本功能及操作流程，加深对物联网系统的理解和掌握。

8.6.3 实验步骤

1. LoRa网络环境搭建

基于中兴克拉提供的通用传感器GSP平台、土壤温湿度传感器、滴灌阀门执行器、LoRa核心网、应用管理平台，可构建一套简易的智慧灌溉系统，其基本原理如图8-27所示。

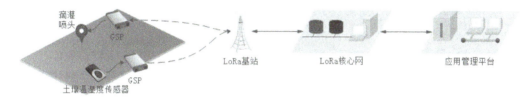

图8-27 智能滴灌系统原理示意图

LoRa网络环境搭建步骤如下。

（1）核心网部署

中兴克拉LoRa核心网系统（InfiLink）包括JS、NS、AS、GWIF、GWM、CSIF、OMC、BIF等服务模块。这些服务模块在InfiLink系统安装过程中可实现统一自动部署，需要关注的是系统间连通性参数配置，以确保各服务模块之间的互联互通。在物联网实验箱设备中，包含了一整套做实验用的系统、设备、网关和开发板。其中InfiLink系统是预先配置好的，不必重新安装InfiLink系统，只需要了解其内部模块构成，加深流程理解。

（2）网关部署

LoRa网关又叫LoRa基站，是连接LoRa传感终端设备和LoRa核心网之间的关键系统，和移动通信网络中的基站类似，只是LoRa网关系统相对简单，部署也比较方便。中兴克拉科技提供全系列的LoRa基站，包括IWG 200、M20、C20等多种款型。其中IWG 200是室外型宏站，以覆盖范围广、整体性能强而著称。M20属于中型基站，适用于设备数量不多的定制化应用场景。C20则属于室内补盲型基站，通常与IWG 200和M20配合使用，增强信号覆盖。

智能滴灌系统可以选用M20型网关，这也是试验箱的标配网关。网关配置比较简单，通过GWM后台管理软件，配置网关的基本工作参数（如频点、通道、核心网GWIF地址等）即可。

（3）应用平台部署

中兴克拉研发了一套通用性应用管理平台（InfiCombo），可以实现传感设备的开通管理、数据解析、设备控制等系列化功能，是LoRa物联网应用系统的理想支撑平台。

应用平台是一套分布式系统,包括WEB应用、适配服务、基础引擎、API接口等多个服务模块。在实验箱中预先部署了InfiCombo系统,可以直接访问,中兴克拉应用平台的登录界面,如图8-28所示。

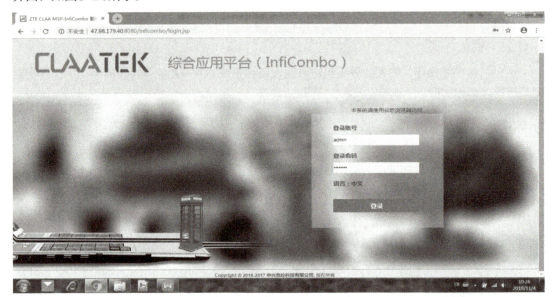

图8-28 中兴克拉应用平台的登录界面

在应用平台中,需要为智能滴灌系统创建项目,建立应用,为后续的实验步骤做好准备。

2. 传感器设备选型

智能滴灌系统中包括两类主要的传感器,土壤温湿度传感器和滴灌控制执行器。

其中,土壤温湿度传感器可选择中兴克拉的土壤温湿度传感器,支持485通信,通过485通信子卡和GSP主机连接。

滴灌控制执行器选取市场上通用的阀门控制器(试验箱中默认提供),通过VCS10子卡和GSP主机连接。GSP主机和传感器设备说明对照见表8-9。

表8-9 设备说明对照表

设备	数量	说明
GSP平台设备	1	通用传感器平台
AES20 DTU10	1	温湿度传感器子卡
AES20 VCS10	1	滴灌控制阀门子卡
温湿度传感器	1	土壤温湿度测量传感器
滴灌阀门控制执行器	1	滴灌水管阀门控制执行器
其他辅材	若干	水管、线缆等

3. 传感器设备开通

GSP平台本身是LoRa终端,需要在LoRa应用平台InfiCombo中配置开通,才能正常完成入网和通信。在InfiCombo中传感器设备开通包括:GSP平台设备开通放号、传感器设备配置、设备初始化配置3个步骤。

（1）GSP平台设备开通

在InfiCombo系统中，通过"项目管理—项目维护—LoRa终端"打开界面，配置GSP的deveui（终端标识，即终端MAC地址）和appkey等参数，单击"开通"按钮就可以完成GSP的开通放号。GSP设备开通界面如图8-29所示。

图8-29　GSP设备开通图

（2）传感器设备配置

在InfiCombo系统中，通过"项目管理—项目维护—传感终端"打开界面，配置传感器编号、传感器类型（如克拉温湿度传感器）、传感器名称等参数。传感器类型配置如图8-30所示。

图8-30　传感器类型配置图

（3）传感设备的初始化配置

主要用于配置传感器的通信参数，如GSP平台的子卡485通信波特率、电压、通信校验位、停止位、数据上报周期等。在InfiCombo系统中，通过"项目管理—项目维护—初始化配置"打开界面。设备初始化配置如图8-31所示。

经过以上配置，土壤温湿度传感器和滴灌控制阀执行器均可以正常工作。可以在InfiCombo平台中查询传感器上报的土壤温度和湿度参数，可以对滴灌控制阀下达开启和关闭的控制指令，实现开启滴灌和停止滴灌的动作。

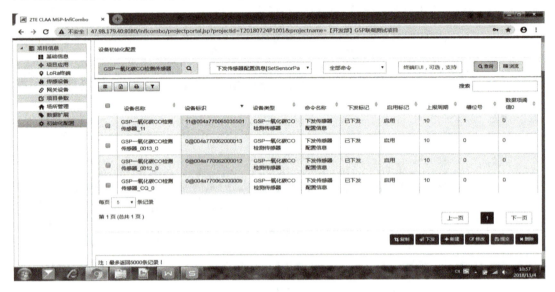

图8-31 设备初始化配置图

4. 应用逻辑配置

为了实现智能滴灌控制，需要在InfiCombo平台上定义策略规则。当土壤湿度指标值低于设定下限时，给滴灌控制阀下发"开启"命令，开启滴灌系统；当土壤湿度指标值高于设定上限时，给滴灌控制阀下发"关闭"命令，关闭滴灌系统。

在InfiCombo系统中，通过"业务应用—策略管理"打开界面。设备策略管理如图8-32所示。

图8-32 设备策略管理图

分别设定土壤温湿度的湿度上限规则项和下限规则项。然后创建针对滴灌阀门控制器的动作指令（动作项）。设备策略管理如图8-33所示。

最后，定义策略规则，将策略规则项和动作关联起来，当规则项定义的条件满足时，就执行对应的动作，实现智能滴灌系统的自动化控制流程和逻辑。智能滴灌自动化控制规则定义如图8-34所示。

接下来就可以测试和验证滴灌系统的实际工作流程了。

图8-33　设备策略管理图

图8-34　智能滴灌自动化控制规则定义

8.6.4　实验总结

通过智能滴灌系统的实验，可以充分理解和掌握LoRa物联网应用系统的基本原理及系统配置流程，提升读者对于物联网系统的认知和理解程度。

上述滴灌系统虽然是在实验室创建的一种微型物联网系统，但是经过扩充传感器规模，进一步完善应用逻辑，完全可用于实际的工农业生产、生活场景中，如公园或苗圃的智能滴灌、农业园区的自动化灌溉等。

本章讲解了LoRa物联网端到端通信中的实验方法，通过本章的学习，加深对整个LoRa系统的理解，能够使用实验箱的设备搭建一个完整的LoRa物联网应用。

组装一个温湿度设备，将温湿度信息上传给应用平台。

Chapter 9

第9章

LoRa物联网应用系统设计

本章概述

　　本章是LoRa物联网的综合案例分析。本章的综合案例是将前两章LoRa物联网基础内容结合起来，通过3个常见的应用场景子系统设计，对LoRa物联网应用做出分析，读者可掌握LoRa物联网应用系统设计的实现方法。

学习目标

- 掌握LoRa智慧烟感系统的设计与实现。
- 掌握LoRa智慧滴灌系统的设计与实现。
- 掌握LoRa智能门禁系统的设计与实现。

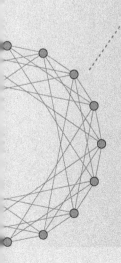

9.1 智能烟感系统设计

9.1.1 需求分析

随着经济发展，餐饮、购物、住宿、公共娱乐、休闲健身、医疗、教学、生产加工、易燃易爆危险品销售储存等"九小场所"数量不断增多，加之许多经营业主"重效益，轻安全"的思想作祟，消防安全责任意识淡薄，消防投入不足，消防器材配备缺乏，导致存在大量的消防安全隐患。另外，"九小场所"内人员密集，拥挤混乱，一旦发生火灾，往往会造成巨大损失。独立烟感的部署在防火减灾方面起到了一定的作用，但由于独立烟感产品存在一定的局限性，市面上独立烟感质量参差不齐，功能单一，只能发出声光报警提示，人如果不在场就收不到报警信息，传统的独立烟感已经不能满足新型市场需求，新的智能烟感解决方案呼之欲出。

智能烟感解决方案，是基于低功耗物联网技术的"九小场所"火灾监控预警系统，通过部署独立式智能感烟火灾探测报警器，在火灾初期起到早发现、早通知、早报警、早疏散的作用，有效发挥火灾防控作用。

9.1.2 实现原则

基于LoRa通信的智能烟感解决方案是按照云、管、端的系统架构来建设，方案包括终端层、网络层、平台层、应用层等几层，通过物联网、云计算、大数据等技术将各个层整合统一为有机的整体。智能烟感解决方案如图9-1所示。

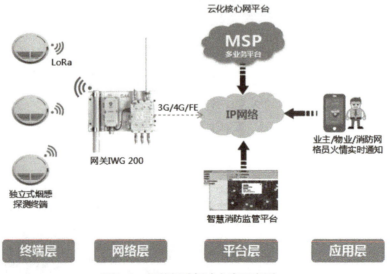

图9-1 智能烟感解决方案示意图

- 终端层—物联网感知端融合。

终端设备是物联网的基础载体，随着物联网的发展，终端由原有的"哑"终端逐步向智能终端演进，通过增加各种传感器、通信模块使得终端可控、可管、可互通，终端设备通过集成LoRa模组，与LoRa基站连接实现通信，智能终端通过LoRa基站将信息上传给IoT平台。

- 网络层—LoRa部署简单，LoRa信号覆盖广。

网络是整个物联网的通信基础，不同的物联网场景和设备使用不同的网络接入技术和连接方式。LoRa网络具备低成本、低功耗、广覆盖、大容量的特点，尤其适合智能烟感低频数据传输的应用需求。

- 平台层—统一平台多业务汇聚管理。

云化核心网管理平台MSP（Multi-Service Platform）既可以以私有云的方式部署在客户的机房，也可以以公有云的方式部署在阿里、联通、腾讯等公有云服务提供商处，提供连接管理、设备管理、数据分析、API开放等基础功能。

- 应用层—更智能、更便捷、更高效。

在物联网时代，用户生活变得更智能、更便捷、更高效，基于IoT技术的智能烟感改变了用户对烟雾感知及探测的方式。通过IoT平台，结合移动端APP、微信、短信、语音等方式，用户可以获取智能烟感在线、离线、故障、火警等相关状态信息。

9.1.3 技术选用

* 独立式光电感烟火灾探测报警器。
* LoRa网关。
* LoRa技术通信。
* Web客户端。

9.1.4 实现方法

智能烟感一般安装在住宅、商铺、出租屋、农民房、厂房及各种"九小场所"等，实时监控烟雾浓度，当烟雾浓度达到报警阈值时，智能烟感发出本地声光报警，提醒现场人员及时撤离，处理警情，同时，报警信息会通过LoRa网络上传至监控中心的智慧消防监管平台上，再由该平台通过语音、短信、微信等方式推送到业主、物业、社区网格管理员、维保单位负责人等相关人员的手机上。

另外，智慧消防监管平台能够24小时监控烟感状态，对报警、故障、欠压等隐患实时掌控，方便管理维护人员第一时间对故障问题进行隐患消除处理，保证烟感工作状态正常有效。

9.1.5 设计思路

智慧消防平台火警处理流程如图9-2所示。

智慧消防平台低保真设计原型如图9-3所示。

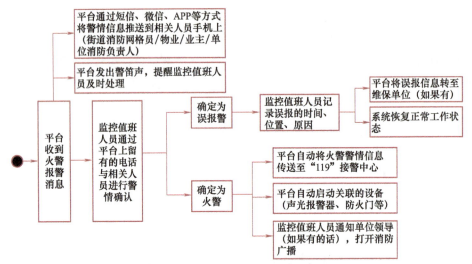

图9-2 智慧消防平台火警处理流程图

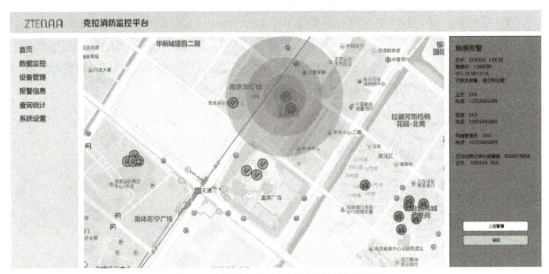

图9-3 智慧消防平台低保真设计原型图

9.2 智慧农业滴灌系统设计

9.2.1 需求分析

农业物联网,即通过各种仪器仪表实时显示或自动控制的参数变量,参与到农业生产的自动控制中。可以为农业生产精准调控提供科学依据,达到增产、改善品质、调节生长周期、提高经济效益的目的。

运用物联网系统的温度传感器、湿度传感器、pH值传感器、光照度传感器、CO_2传感器等设备，检测环境中的温度、相对湿度、pH值、光照强度、土壤养分、CO_2浓度等物理量参数，保证农作物有一个良好的、适宜的生长环境。远程控制的实现使技术人员在办公室就能对多个大棚的环境进行监测控制。采集设备信息可以通过LoRa模块传递给控制调度中心，根据实时的数据分析，进行自动灌溉，自动喷药等措施。

9.2.2 实现原则

智能灌溉物联网方案架构如图9-4所示。

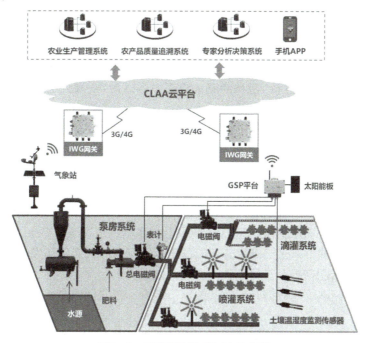

图9-4 智能灌溉物联网方案架构

由图可知，中兴克拉提出的智能灌溉物联网方案主要由物理层、平台层、应用层组成，具体产品分布见表9-1。

表9-1 产品分布表

层级名称	产品名称
应用层	农业生产管理系统、农产品质量追溯系统、专家分析决策系统、手机APP应用
平台层	MSP云平台、IWG网关
物理层	GSP通用传感器平台、电磁阀门、土壤温湿度传感器、土壤电导率传感器、气象站、压力表、液位计、接触器、执行机构

9.2.3 技术选用

* GSP硬件平台（带土壤温湿度、带电磁阀控制滴灌）。
* LoRa网关。
* LoRa技术通信。

* Web客户端。

9.2.4 实现方法

部署基于LoRa技术的土壤温度传感器、湿度传感器、pH值传感器、光照度传感器、CO_2传感器等设备，检测环境中的温度、相对湿度、pH值、光照强度、土壤养分、CO_2浓度等物理量参数，采集设备信息通过LoRa模块传递给农业生产云平台，根据实时的数据分析，再通过云平台下发控制指令给滴灌系统，实现自动灌溉，自动喷药等操作。

9.2.5 设计思路

智能灌溉物联网方案的物理层，主要包含泵房系统、滴灌系统、喷灌系统。水泵从水源处取水，经过滤、加压、水肥一体化等过程，由总电磁阀门控制，成为灌溉用水。灌溉系统分为滴灌系统与喷灌系统。两种灌溉系统都由各滴灌/喷灌处的电磁阀门来控制灌溉用水。

GSP通用传感器平台可外接多路传感器，如土壤温湿度监测传感器、电磁阀、继电器、接触器等。GSP平台通过无线LoRa技术与IWG网关进行通信。网关再以3G/4G的方式与CLAA云平台进行信息交互。GSP平台可通过"电池+太阳能板"的方式进行供电。

智能灌溉的主要闭环控制是通过土壤温湿度监测传感器分层测量土壤水分情况，将数据经GSP平台，利用LoRa技术传送至IWG网关，再由网关传送至云平台解析、应用层分析处理；在自动灌溉模式下，当土壤水分情况低于开阀指标时，应用层发出"开阀"指令，通过网关下发至目标GSP平台，再到达其所连控制器、电磁阀等；当土壤水分数据达到停止灌溉的指标时，云端收到数据并下发"关阀"指令，以同样的方式，到达电磁阀门处，停止灌溉。

应用层终端包括农业生产管理系统、农产品质量追溯系统、专家分析决策系统、手机APP终端应用等，用户可利用这些应用终端对智能灌溉系统进行数据查询、控制管理等。智慧农业灌溉低保真设计原型如图9-5所示。

图9-5 智慧农业灌溉低保真设计原型图

9.3 智能门禁控制器系统设计

9.3.1 需求分析

智能门禁系统顾名思义就是对出入口通道进行管制的系统，它是在传统的门锁基础上发展而来的。传统的机械门锁仅仅是单纯的机械装置，无论结构设计多么合理，材料多么坚固，人们总能用通过各种手段把它打开。最近几年随着感应卡技术，生物识别技术的发展，门禁系统飞跃式的发展，出现了感应卡式门禁系统，指纹门禁系统，虹膜门禁系统，面部识别门禁系统，乱序键盘门禁系统等各种技术的系统，它们在安全性，方便性，易管理性等方面都各有特长，门禁系统的应用领域也越来越广。

本节设计实现基于LoRa技术的、功能齐全的智能门禁系统。

9.3.2 实现原则

- 多样化的认证方式。

CLAA门禁系统除了可以支持传统门禁的认证方式，还能支持手机二维码扫描等多种认证方式。

- 高效的网络系统。

CLAA网络通过LoRa星形组网，可以更有效快速的部署网络。由于CLAA网络是采用无线通信方式，并且有极高的穿透能力，网络部署时不仅快速高效，而且在后续使用维护中也有极大的优势。

- 云端一体化平台。

云平台可以使门禁系统与其他物联网子系统在云平台生成逻辑关联。例如，门禁系统与消防火灾系统关联，既能在平时保障财产安全，又能在火灾发生时保障人身安全。

9.3.3 技术选用

- GSP硬件平台（门禁控制）。
- LoRa网关。
- LoRa技术通信。
- Web客户端。

9.3.4 实现方法

CLAA门禁主要有以下系统构成。

1）CLAA门禁云平台，门禁设备和业务管理的核心系统（DMP和AEP）。
2）CLAA门禁控制器，为CLAA门禁系统的硬件核心。

3）门禁外设，包括（读头、门锁、按钮等）。
4）移动应用系统，手机业务的核心。
5）CLAA网络，通过LoRa连接物联网设备。
门禁系统方案架构如图9-6所示。

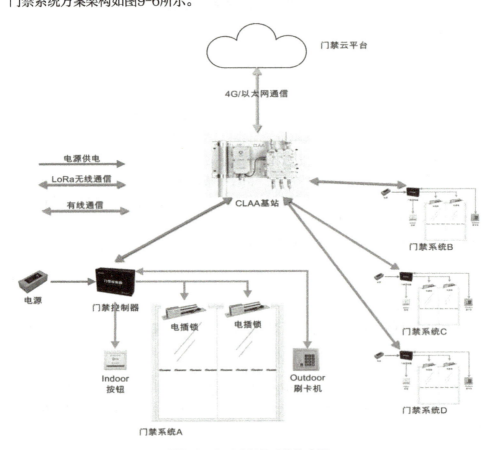

图9-6　CLAA门禁系统构成图

9.3.5　设计思路

1. 业务模式

CLAA门禁系统支持手机、生物识别、刷卡等多种业务模式，具有高度灵活、安全、可靠的特征。

模式一：手机APP开门

通过手机APP控制门禁打开，也有两种方式可以完成。

* 通过扫描二维码的方式打开门禁。
* 通过蓝牙连接CLAA门禁控制器，打开门禁。

手机APP开门示意如图9-7所示。

模式二：生物识别+密码开门

通过检验人体生物特征等方式来识别进出，如指纹、虹膜等。由于人体生物特征具有唯一性等特点，其识别方式具有较高的安全性。

同时也可以通过人工输入密码实现开门动作。

模式三：刷卡开门

兼容传统的门禁开门方式，通过发卡机给用户发放IC/ID卡片，持卡人通过刷卡动作完成鉴权通过门禁。

模式四：远程开门

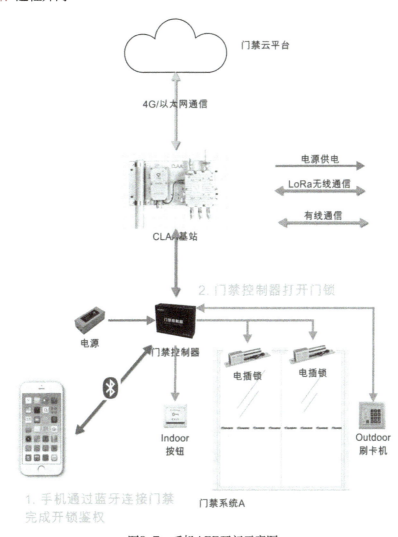

图9-7 手机APP开门示意图

远程开门有两种方式。

※ 管理员可以在接到指示后，单击CLAA门禁系统的"远程开门"按钮远程打开某个门。

※ 来访客通过APP申请，获得临时访客密码，通过在门禁刷卡机上输入临时访客密码打开门禁。

2. CLAA门禁控制器

门禁控制器连线如图9-8所示。

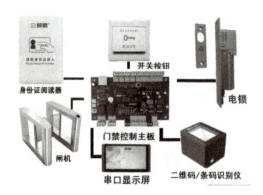

图9-8 门禁控制器示意图

GSP平台门禁控制器命名：GSP20 ACT10，ACT（Access ConTroller）。

通过GSP平台实现门禁控制器，如果控制简单可选SSP平台。

通过继电器控制电控锁，同时提供电控锁12V供电。

通过DTU10子卡与支持485接口读卡器通信，如有必要可扩展一个双路韦根读头的子卡。

通过DIO20子卡接入"出门按钮"控制门锁，接入门磁信号，对门状态进行监测。

通过DIO20子卡接入消防联动报警开门。

通过DIO20子卡可接火警声光报警输出，不通过继电器，子卡直接驱动。

如需要显示屏，使用RS232子卡连接串口显示屏。

GSP与云端通信，手机扫二维码或APP输入密码进行云端控制。

本章通过3个物联网应用场景系统设计案例，向读者展示了LoRa物联网系统设计的魅力，也分析了每个系统的具体实现方法，帮助读者理解端到端解决方案实现的路径。

思考并设计一个基于LoRa远程抄表（水表）的实现方案。

附录　窄带物联网开发实训系统

1. 系统简介

窄带物联网开发实训系统（型号：SeaIOT-ED-NB-01），是无锡泛太科技有限公司（www.fantaitech.com）开发的，用于NB-IoT/LoRa技术开发、学习实践的平台。以共享单车的智能车锁、环境监控、智慧停车、PDA 4个典型的场景为案例，帮助学生了解和掌握窄带物联网（NB-IoT/LoRa）技术、原理及应用。

该产品融合了NBIoT、LoRa窄带物联网，GPRS移动互联网以及GPS/BD定位技术，具有广泛连接、深度覆盖、低功耗、远距离、可定位的特点，可广泛用于传感、计量、监控、定位、跟踪等。当无NB网络覆盖时自动切换为移动互联网通信，不影响系统的正常使用。板载智能锁、环境监控、停车管理3个应用模块，都采用Cortex-M3作为网关，与物联网云管理平台建立实时通信。用户可在WEB页面上获取传感器信息、对执行器进行控制、获取设备的定位信息。同时，平台提供二次开发接口，方便用户开发自己的移动端APP。实训设备及案例如图所示。

2. 系统特点

※　采用模块化设计、供电系统灵活，在室外或移动测试时可以直接将模块拔下来，用充电宝（5V）miniUSB供电。

※　移动入网方式可选择NB-IoT模式入网，也可选择传统的GPRS模式入网。

※　支持低功耗、远距离的LoRa通信以及PDA的无线指令控制。

※　支持13.56MHz的NFC近场通信，如充值，计费等。

※　使用温湿度采集终端，采集卡分布式部署，采集数据集中上传至云管理平台（环境监测示例）。

※ 可实时与云管理平台进行TCP、UDP通信，实现终端与平台的联动（智能锁示例）。
※ 可在云管理平台上管理所有终端，查看所有终端的实时或历史信息，以及配置终端参数与终端联动等。
※ 标准可拓展的物联网组包协议，可拓展性强，留有客户二次开发的接口。
※ LCD实时刷新显示整机状态，可以了解整个通信流程。

3. 系统功能

包含3个应用场景，分别是智能锁、智能环境监测、智慧停车场。均由采集终端以及采集终端周围的采集卡组成，采集卡与采集终端之间采用低功耗，远距离的LoRa无线窄带技术进行点对点通信，将采集卡的传感器设备信息传送给采集终端，采集终端能够实时地将终端的定位信息，终端及采集卡的传感器设备信息，电量信息等传给云管理平台做相关解析、存储、统计、分析和展示。客户可通过云管理平台查询指定区域，指定时间段的传感器数据、设备状态，也可设置终端产品的参数信息。同时，采集卡与采集终端的LCD屏都会实时刷新各自系统的实时信息。

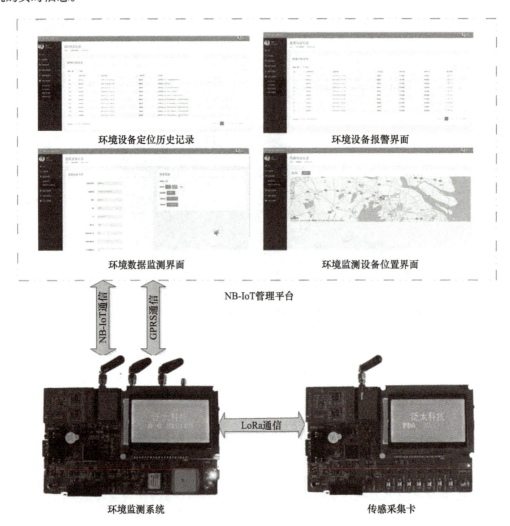

4. 实训资源

实训目标： 认识窄带物联网通信技术，了解物联网当中各种通信方式的特性及相关应用场景，并通过具体物联网应用案例了解物联网在真实生活场景里的体系架构，掌握相关物联网常用传感器，通信技术开发以及运用窄带物联网技术实现品质生活。

实训内容： 对NBIoT、LoRa窄带物联网，GPRS移动互联网以及GPS/BD定位技术比较详尽和全面系统的描述，并通过相关应用实验对窄带物联网的网络特性及应用场景进行全面的解析，学生对窄带物联网技术有直观的了解。

实训项目列表

实训模块	实训内容
设备简介	平台认知
LoRa窄带无线通信	LoRa窄带简介
	LoRa窄带工作原理
	LoRa通信模块AT指令
	……
NFC近场通信	NFC近场通信技术简介
	NFC近场通信工作原理
	NFC近场通信指令简介
	NFC近场通信应用开发
	……
GSM/GPRS通信	GSM/GPRS技术简介
	GSM/GPR通信原理
	GSM/GPR通信AT命令
	……
NB-IoT AT操作及入网	NB-IoT技术简介
	NB-IoT通信模块AT指令简介
	NB-IoT通信模块AT操作
	……
GPS/BD定位模块应用	GPS/BD技术简介
	GPS/BD操作应用
	……
场景案例应用案例	智能锁子系统
	智慧环境监测子系统
	智慧停车子系统
	PDA子系统
	……